원예의 즐거움

원예의 즐거움

장정은 · 이규민 지음

이담
Books

Contents

1

{ 원예란 }

원예의 정의

원예란

원예의 원(園)은 작물 등을 재배하는 토지의 담 또는 울타리를 뜻하고 예(藝)는 심다, 가꾸다, 즉 재배관리를 한다는 뜻을 가지고 있다.

영어로는 'Horticulture', 라틴어의 Hortus(garden)와 Cultura(culture)에서 유래된 것으로 Hortus는 '정원, 뜰, 화원'이라는 뜻이고 Cultura는 '경작, 재배'의 의미를 가진다.

즉 원예는 담이나 울타리를 설치할 정도로 소규모의 제한된 곳에서 채소, 과수, 화훼 등을 재배한다는 뜻을 지니고 있다. 다시 말해 원예는 '직접 식용 또는 미적 만족을 위하여 이용되는 식물을 소규모의 제한된 면적에서 집약적으로 가꾸는 일'이라고 할 수 있다.

알/ 아/ 두/ 기

▶ **채소(菜蔬, vegetable)**

부식(副食) 또는 간식에 이용되는 신선한 상태의 초본성의 재배식물이다. 단, 산야에서 채집한 비(非)재배 식물인 산채(山菜)는 채소에 포함되지 않는다. 일반적으로 수분이 많으며 저장이 곤란한 것이 많다. 한국에서 재배되고 있는 채소의 종류는 60여 가지로 대부분이 문화 교류를 통해 외국으로부터 들어왔다. 마늘·순무·무·배추 등은 중국으로부터 들어왔고 셀러리·결구상추·꽃양배추·피망 등은 조선 후기에 서양인에 의해 전래되었다.

▶ **과수(果樹, fruit tree)**

일반적으로 산야에 자생하고 있는 나무에 맺는 과실이 많지만 식용할 수 없는 과실을 맺는 나무는 과수에 포함시키지 않는다. 산야에서 원예 기술적으로 생산하지 않고 식용이나 공업용 원료로 쓰이는 과실을 맺는 나무들을 유실수(有實樹)라고 하는데 유실수 중에 식용이 가능하고 집약적으로 재배되는 나무는 과수에 포함시킬 수 있다.

▶ **화훼(花卉, flowering plant)**

관상식물이라고도 한다. 본래는 초본식물의 꽃을 말하는데 넓은 뜻으로는 관상을 목적으로 재배하는 모든 식물을 말한다. 식물체의 꽃, 열매, 줄기, 잎, 형태, 향기, 가지와 색채 등을 관상한다.

무

피망

마늘

사과

배

포도

국화

백합

장미

원예의 필요성

자연에 대한 이해와 감상은 우리의 삶을 더욱 풍요롭게 해준다. 우리 주변에서 보다 손쉽게 접하고 감상하며 즐길 수 있는 자연 중의 하나가 녹색의 식물들이다. 오늘날 현대 과학의 발달과 급속한 산업화로 경제적 생활수준이 높아졌으나 문화적, 정신적 수준은 그에 미치지 못하고 있는 실정이다.

원예식물을 가꾸고 감상하며 정원이나 거리에서 정원수, 가로수를 가꾸고 화단에 꽃과 잔디를 심는 일은 녹색의 평화로운 시감과 정서의 안정, 소음과 분진의 경감, 대기의 정화 등에 효과가 있다. 원예활동은 복잡한 현대 사회의 물질문명 속에 인간이 자연으로부터 격리되는 현상을 방지함과 동시에 생명력이 있는 푸름을 생활 주변에 가까이 함으로써 아름답고 쾌적한 생활환경을 조성하고 정신적으로나 육체적으로 풍요로운 일상을 영위하는 데 있어 꼭 필요한 활동이다.

생활 속 원예의 분류

원예식물을 가꾸는 방법과 기르는 장소, 이용방법 등에 따라 다양한 형태로 분류할 수 있다.

실내원예
- 실내에서 이루어지는 원예활동이며 실내에서 화분을 가꾸고 감상하는 것
- 창가원예, 베란다원예, 실내정원, 그린인테리어, 관상식물 가꾸기 등

실외원예
- 실외의 정원에서 잔디나 정원수를 가꾸고 소규모로 채소나 과수를 심어 관리하는 것
- 화단 가꾸기, 정원수 가꾸기, 잔디 가꾸기 등

아이디어원예(그린인테리어)
- 꾸미는 방법이나 도구를 활용하여 원예식물의 미적 가치를 높이며 감상하는 것
- 테라리움, 비바리움, 수경재배, 분경, 모둠화분, 꽃꽂이, 분재 등

공공원예
- 시민농원이나 관광농원, 식물원, 수목원, 공원 등과 같은 장소에서 식물을 기르거나 접촉, 체험 등의 형태로 감상하면서 식물을 즐기는 것

도시농업(都市農業, urban agriculture)

　도시 내부에 있는 소규모 농지에서 경영하는 농업을 말한다. 도시환경의 보전이라는 관점에서 보면, 도시 내부에 있는 농지는 농산물의 공급지일 뿐 아니라

빗물의 흡수와 순환 촉진, 도시온난화 방지, 공기 정화 등의 기능을 담당하고 있다. 또한 재해 발생 시에는 피난장소로서도 이용할 수 있는 등 효율적인 도시환경을 조성하기 위한 중요한 요소이다.

독일의 클라인 가르텐(Kleine Garten)이나 영국의 애롯트먼트 가든(Allotment garden) 등에서 볼 수 있는 것처럼 유럽에서는 도시구획 안에 시민농원이 위치해 있으며 대부분은 공유지에 설치되어 시민에 의한 안정적인 이용이 확보되어 있다.

오늘날에는 도시농업이 도심의 빌딩이나 주택의 옥상 또는 가로변의 유휴지를 이용한 유용식물 재배 등의 형태로 이루어지고 있다.

도시농업은 도시의 다양한 공간을 활용한 농사 행위로 농업이 갖는 생물다양성 보전, 기후 조절, 대기 정화, 토양 보전, 공동체 문화ㆍ정서 함양, 여가 지원, 교육, 복지 등의 다원적 가치를 도시에서 구현하며 지속가능한 도시, 지속가능한 농업으로서의 기능을 수행하는 것이다.

2
{ 식물의 기능과 효과 }

식물의 기능

광합성(光合成, photosynthesis) 작용

　녹색식물이 빛에너지를 이용하여 이산화탄소와 물로부터 유기물을 합성하는 일련의 과정이다. 광합성은 매우 복잡한 과정을 거쳐서 일어나며 공기 중의 이산화탄소와 토양 내의 물과 빛에너지를 이용하여 엽록체 내에서 탄수화물과 산소를 만드는 과정이다. 에너지적으로 생각하면 광합성은 태양의 복사에너지를 유기물인 화학에너지로 바꾸어서 저장하는 현상이다. 식물은 광합성으로 얻어진 유기물의 화학에너지를 생장과 생명 현상의 영위에 사용한다. 식물을 먹는 동물이나 동식물에 기생하는 미생물 등은 화학합성을 하며 일부 생물을 제외하고는 생존을 위한 에너지를 광합성에 의존하고 있다.

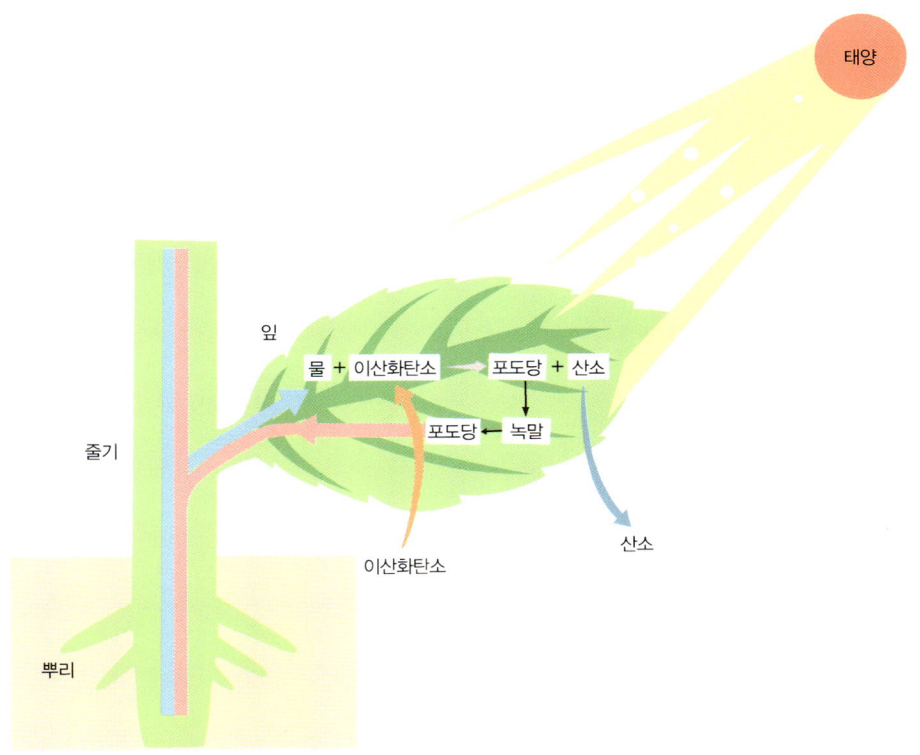

호흡작용(呼吸作用, respiration)

　광합성으로 만들어진 당이 산소와 결합하여 생물학적 에너지와 열을 방출하는 일종의 연소과정이다. 호흡하는 동안에 흡입된 산소는 당과 결합하여 산화되면서 생육에 필요한 생물학적에너지(ATP)와 거대 핵산분자(단백질, 지질, 탄수화물)의 골격 물질을 만들게 된다. 이러한 호흡과정의 결과로서 체외로 이산화탄소와 물(H₂O)을 배출하는 현상을 말한다. 싹이 트거나 꽃이 필 때 고온에서 호흡작용이 많이 일어나며 에너지를 소비하는 작용이다.

증산작용(蒸散作用, transpiration)

　식물이 체온을 유지하고 꼭대기까지 수분을 공급하기 위해서 체내의 수분을 잎이나 줄기로부터 공중으로 발산하는 것이다.

※ 온도가 높아질수록 화분의 흙이 빨리 마르는 이유는 높은 온도가 화분의 흙의 수분을 증발시키는 것도 있지만 근본적으로 식물이 증발한 수분을 보충하기 위해 많은 물을 끌어들이기 때문이다.

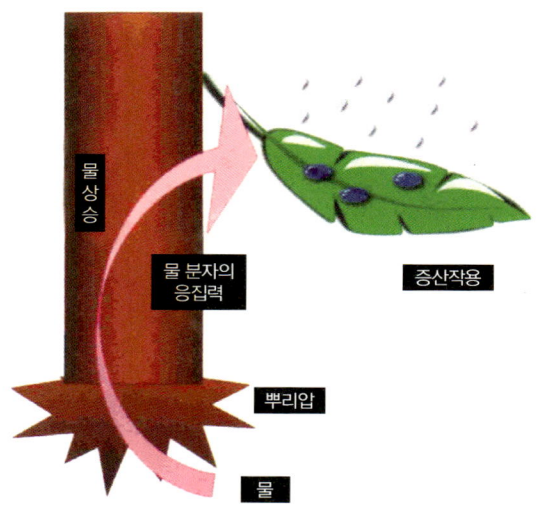

▶ 식물의 구조

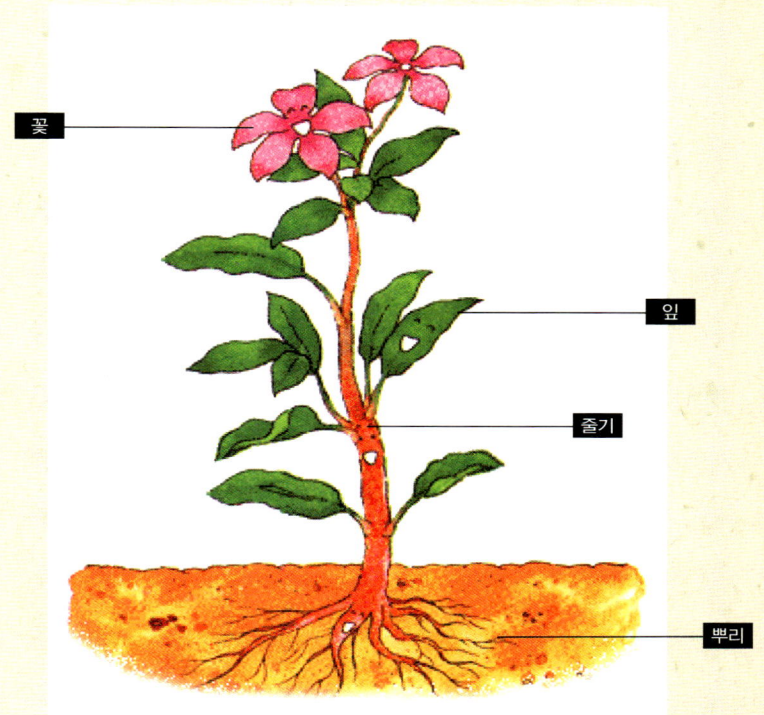

[뿌리] 물과 영양분을 빨아들이는 부분으로 삼투압 작용에 의해 물과 영양분을 빨아들여 몸을 지탱하는 역할을 한다.

[줄기] 식물체를 지지해 주며 수분과 양분의 통로가 된다.

[잎] 엽록체에서 빛을 받아 광합성을 하며 호흡작용도 일어난다. 공기구멍인 기공을 통해 산소나 이산화탄소를 흡수하고 또 내놓는다.

[꽃] 종자식물이 자손을 번식시키기 위한 생식기관이다. 수술의 꽃가루가 암술에 전달되어 밑씨와 꽃가루가 수정되면 종자가 되고 종자는 열매를 맺는데 씨앗이 땅에 떨어지거나 하면 다시 싹을 틔워 새로운 식물이 된다.

식물의 효과

정서 함양

원예식물을 통한 생명의 소중함과 신비감은 마음을 안정시키고 자연의 섭리를 느끼며 감정이 순화되고 인격과 품성에도 영향을 준다. 우리는 생활 주변에서 생명력이 있는 녹색식물을 통해 정신적 또는 물질적으로 많은 혜택을 받고 있다.

정신요법 활용

식물을 기르고 가꾸는 과정을 통해 사회적, 심리적, 교육적 적응력을 기르고 신체적 회복을 유도할 수 있는 원예치료적인 치료 효과를 줄 수도 있다. 또한 원예활동을 통한 신체적 움직임을 통해 자연스러운 근육을 고르게 발달시켜 체력 증진의 효과도 얻을 수 있다.

녹색식물을 이용한 스트레스 해소와 치료

일상생활에서 녹색식물을 바라보면 피로가 풀린다고 한다. 실제로 뇌파 측정

기 등을 이용해 식물 색채와 인간의 심리 · 생리적 관계를 연구한 최근 결과에 따르면 녹색식물은 스트레스 해소뿐만 아니라 심리치료 수단으로도 사용할 수 있음이 증명되었다. 실내 식물 '파키라'를 바라볼 때 인간의 뇌파가 어떻게 변화되는가를 조사한 실험에 따르면 식물을 보고 있을 때 알파파가 증가하는 것으로 나타난다. 알파파는 정상 성인이 눈을 감고 있거나 안정된 상태에서 주로 나타나는 뇌파이다.

또한 우리 주변에 흔히 볼 수 있는 '벤자민고무나무'를 쳐다보는 것은 글을 읽는 것에 비해 전반적으로 뇌의 활성도를 높임과 동시에 안정도를 유지시켜주는 것으로 나타난다. 컴퓨터 작업실에 방 볼륨의 1.5% 정도의 실내 식물을 배치하고 작업자의 스트레스를 유발한 실험에서는 작업자의 정신적 피로가 감소되고 주의 집중도는 증가됐으며 혈압은 낮아졌다.

장식적 가치

최근 여러 인테리어 요소와 더불어 식물도 장식적 가치로서의 역할을 하고 있다. 상업적인 공간에서 식물 특유의 형태와 색채 및 질감은 아름다운 공간을 구성하는 데 큰 역할을 하고 있다.

무공해 청정식품

다양한 원예생산물을 수확하여 무공해 청정식품을 섭취할 수 있으며 건강식품으로서의 가치를 지니며 가정에서 직접 재배하여 신선한 상태로 먹거리를 제공받을 수 있다.

환경 정화

현대인은 실내에서 생활하는 시간이 점차적으로 길어짐에 따라 실내 공기 순환 부족과 건축자재 등에서 나오는 오염물질 흡입 등으로 두통 · 만성피로에 시달린다. 미항공우주국(NASA)의 발표에 의하면 식물은 실내의 미세한 먼지나 휘발성 유기화합물질(VOC: Volatile Organic Compounds)을 정화하는 능력이 있음을 보여주고 있다. 식물은 최상의 공기청정제 역할을 할 뿐만 아니라 유해전자파나 오염물질을 정화하는 능력과 공중습도 상승 효과와 온도 조절이 가능하여 에너지 절감 효과도 있다.

식물이 유해전자파와 오염물질을 제거한다

현대인들은 많은 시간 동안 컴퓨터를 사용하는데 이로 인해 '테크노스트레스(technostress)'를 받는다. 이는 컴퓨터 모니터에서 방출되는 전자파가 인체에 미치는 악영향 때문이다. 잎이 많은 관엽식물인 '스킨답서스'를 이용하여 전자파 차단용 모니터 보안기에 부착된 접지를 화분 용기의 흙 속에 접지하면 전자파의 60~80%를 흡수하는 것으로 밝혀졌다. 이는 현재 시중에서 판매되는 어떠한 유해전자파 차단보안기보다 효능이 뛰어나다.

실내 식물을 배치하면 유익한 점

1. 실내 공기를 정화한다.

2. 여름철에는 에어컨, 겨울철에는 가습기 역할을 한다.

3. 유해전자파를 흡수한다.

4. 음이온을 발생시켜 건강에 좋다.

5. 향기를 방출하여 기분을 좋게 한다.

6. 심리적으로 평안과 정서적 안정을 준다.

7. 주변의 소음을 낮춘다.

8. 자연스러운 차광 효과를 가진다.

9. 작업 능률을 올린다.

10. 비용이 저렴하고 필요에 따라 배치를 쉽게 바꿀 수 있다.

알/ 아/ 두/ 기

▶ 실내 공기 정화식물

1. 관음죽

암모니아, 클로로포름을 잘 흡수하여 화장실에 두거나 이산화탄소 제거율이 좋으므로 사무실에 두면 좋다.
- 분류: 야자과
- 빛: 반음지, 직사광선은 피한다.
- 온도: 0~20℃, 최저온도: 5℃
- 종려죽, 무늬관음죽 등

2. 야자류

습도 조절에 효과적이며 벤젠, 포름알데히드 등 휘발성 유기물질 제거에 탁월하다.
- 분류: 야자과
- 빛: 반음지
- 온도: 4~18℃, 최저온도: 10℃
- 아레카야자, 대나무야자, 테이블야자, 피닉스야자 등

3. 고무나무류

포름알데히드, 암모니아, 질소화합물, 오존 제거에 효과적이다.
- 분류: 뽕나무과
- 빛: 반음지
- 온도: 7~16℃, 최저온도: 0℃
- 인도고무나무, 떡갈고무나무, 벤자민고무나무, 대만무늬고무나무 등

4. 스파트필름

증산량이 많으며 벤젠, 트리클로로, 에틸렌, 질소산화물, 이산화황, 오존 제거에 효과적이다.
- 분류: 천남성과
- 빛: 반음지
- 온도: 4~13℃, 최저온도: 15℃
- 왈리시, 마우나로아슈프림, 플로리번둠 등

5. 드라세나류

크실렌, 포름알데히드 등 휘발성 유기물질 제거에 탁월하다.
- 분류: 용설란과
- 빛: 반음지
- 온도: 4~16℃, 최저온도: 8℃
- 드라세나 자넷 크레이그, 드라세나 맛상게아나(행운목), 드라세나 와네키, 드라세나 아지나타 등

6. 셰플레라,
   홍콩야자

증산작용이 뛰어나고 휘발성 화학물질인 포름알데히드 제거에 효과적이다.

- 분류: 두릅나무과
- 빛: 반음지
- 온도: 4~18℃, 최저온도: 10℃
- 콤팩타, 아르보리콜라, 바리에가타 등

7. 필로덴드론

음이온 방출이 뛰어나며 공기가 건조하고 광이 부족한 곳에 두면 좋다.

- 분류: 천남성과
- 빛: 반음지
- 온도: 1~16℃, 최저온도: 10℃
- 비바나티피둠, 라디아툼, 에반시 등

8. 아글로오네마

오염물질, 냄새 제거에 효과적이다.

- 분류: 천남성과
- 빛: 반음지, 음지
- 온도: 0~15℃, 최저온도: 10℃
- 아글라오네마콤무티튬, 드보라, 매리앤 등

9. 안스리움

암모니아, 적찹제, 타일, 커튼에서 발생하는 키보렌 등의 유해 물질 제거에 탁월하다.

- 분류: 천남성과
- 빛: 반음지
- 온도: 0~25℃, 최저온도: 15℃

10. 보스톤고사리

포름알데히드 제거 능력과 증산작용에 가장 효과적이며 담배 연기 제거에 탁월하다.

- 분류: 고사리과
- 빛: 반음지
- 온도: 4~10℃, 최저온도: 10℃
- 줄고사리, 마셜리보스톤, 골드킹보스톤 등

11. 싱고니움

증산량이 많고 포름알데히드, 벤젠, 톨루엔, 자일렌, 암모니아 등 실내 휘발성물질을 제거하는 데 좋다.
- 분류: 천남성과
- 빛: 반음지
- 온도: 4~16℃, 최저온도: 15℃

12. 아이비

벤젠, 포름알데히드, 트리클로로에틸렌 제거에 효과적이다.
- 분류: 두릅나무과
- 빛: 반음지
- 온도: 5~16℃, 최저온도: 0℃
- 골드지트 아이비, 글래시어 아이비, 마이 하트 아이비 등

13. 산세비에리아

포름알데히드 제거에 효과적이며 음이온을 발생한다.
- 분류: 백합과
- 빛: 반음지
- 온도: 7~18℃, 최저온도: 5℃
- 골드하니, 라우렌티, 크라이기, 호미란 등

14. 파키라

실내 습도 유지와 이산화탄소, 암모니아 제거에 효과적이다.
- 분류: 파키라과
- 빛: 반음지
- 온도: 5~17℃, 최저온도: 8℃
- 무늬파키라 등

15. 선인장 및 다육식물

휘발성 유기물질을 제거에 효과적이다.
- 분류: 선인장과
- 빛: 반음지, 양지
- 온도: 2~18℃, 최저온도: 0℃
- 게발선인장, 알로에, 왕관용, 비모란 등

16. 꽃이 있는 분화식물

증산작용이 강하며 만성적 불안감, 스트레스를 감소시켜 심신 회복에 효과적이다.
- 분류: 초화류
- 빛: 반음지, 양지
- 꽃베고니아, 포인세티아, 시클라멘, 거베라, 아마릴리스, 칼랑코에, 온시디움, 제라늄, 호접란, 아프리칸 바이올렛, 글록시니아 등

▶ 실내 공기 오염물질

1. 휘발성 유기화합물질(VOC)

산업체에서 많이 사용되고 있는 용매와 화학 및 제약 공장 플라스틱의 건조 공정에서 배출되는 유기가스들이다. 가구, 벽지, 타일, 장판, 단열지, 방향제, 석면 등 단열재의 시공과정에서 사용되는 접착제와 페인트 등에 발암 물질인 벤젠, 자일렌, 에닐벤젤 등이 포함되어 있다.

2. 일산화탄소(CO)

주로 연료의 불완전 연소 시에 많이 발생하는데, 특히 자동차 배기가스에서 많이 배출되어 차량의 급증과 함께 주요 대기 오염물질의 하나로 부각되고 있다. 저농도일지라도 장기간 일산화탄소에 노출되면 두통, 현기증, 작업 능률 저하는 물론, 협심증 등 각종 관상동맥질환을 유발할 수 있다. 다른 오염물질에 비해 대체로 실내외에서의 농도 차가 심하고 비중도 공기와 비슷하므로 충분한 환기를 통하여 실내에서 발생하는 일산화탄소 농도를 최소화하여야 한다.

3. 포름알데히드(HCHO)

주로 일반 주택 및 공공건물에 많이 사용되는 단열재(UFFI: Urea Formaldehyde Foam Insulation)와 섬유 옷감에서 발생되며 단기간 노출되었을 경우 눈, 코, 목에 자극을 주어 기침, 설사, 어지러움, 구토, 피부질환을 유발하고 심한 경우 정서적 불안정, 기억력 상실, 정신 집중의 곤란 등을 일으킨다. 동물실험 결과에서는 발암성(비암)이 있는 것으로 나타났다.

4. 분진

구성성분에 따라 여러 종류로 나눌 수 있으며, 그 크기에 따라 인체에 미치는 영향이 다르다. 분진은 콧구멍, 눈, 입 등을 통하여 인체에 침투하지만, 호흡기를 통해서 흡입된 분진들은 기도 또는 기관지에서 점액에 잡혀 폐까지 흡입되어 각종 호흡성 질환을 일으킨다.

5. 담배연기

담배연기는 담배를 피우는 사람에게 폐암, 후두암, 간암 등을 유발하고, 순환기와 소화기에도 병변을 일으키며 흡연환경에서는 집중력이 떨어지고 두통, 피로감 등의 비특이 증상이 나타나 작업 능률 저하의 원인이 된다. 미국에서는 흡연 가정의 어린이가 기관지염, 폐렴, 기관지 천식 등의 발생률이 높다고 발표했으며(U.S DHHS, 1986), 일본의 한 연구에서는 하루에 한 갑 이상 흡연하는 남편을 둔 비흡연 부인은 폐암사망 확률이 그렇지 않은 여성보다 2.1배 높다고 밝혔다.

6. 석면

우리 생활환경의 모든 곳에 존재하며, 석면 분진에 노출될 경우에는 피부질환, 호흡기질환, 폐암 등을 유발한다. 특히 폐암은 석면에 직접적으로 노출된 사람들 중에서 상당히 많이 발견되었다.

7. 미생물

일반 가정에서 사용되는 각종 살포제, 플라스틱제품, 페인트, 악취제거제, 접착제, 공기청정기, 냉장고, 가습기 등과 애완동물, 바퀴벌레 등은 알레르기성 호흡기질환을 유발시킨다. 폐결핵이나 홍역과 같은 전염성 질환을 옮기는 매개체 역할을 한다.

3

{ 식물의 환경 }

햇빛

　햇빛은 광합성의 에너지일 뿐만 아니라 식물이 정상적으로 생육하는 데 있어서 반드시 필요한 요소이다. 식물의 종류에 따라서 가장 적당한 생육을 할 수 있는 광도, 광질, 일장이 식물의 생리 반응에 중요한 역할을 한다.

양지식물 (호양성)	• 강한 광에서 잎이 비교적 두껍고 좁으며 많다. • 꽃이 많이 피는 편이다. • 꽃을 관상하는 온대산 식물이다. • 국화, 채송화, 맨드라미, 튤립, 페튜니아, 칸나, 소나무, 장미, 무궁화, 은행나무 등
중생식물	• 양지식물과 음지식물의 중간 상태의 식물이다. • 반양지, 반음지, 음지, 양지에서 잘 자란다. • 남천, 봉선화, 라일락, 단풍나무, 철쭉, 진달래 등
음지식물 (호음성)	• 잎이 비교적 넓다. • 한 그루당 엽수가 적다. • 원산지가 대부분 열대지방이다. • 주로 온실 또는 실내 식물로 재배된다. • 강한 광선에서 재배하면 잎이 작아지고 퇴색되므로 주의한다. • 관음죽, 야자류, 고무나무류, 드라세나류, 스킨답서스, 고사리류 등

양지식물(국화)

중생식물(남천)

음지식물(고사리류)

광도(Light Intensity)

식물이 받는 빛의 강도를 말하며 양지식물, 중생식물, 음지식물 등 생장에 필요한 광도의 요구에 따라 식물을 분류할 수 있다.

	양지식물(고광도)	음지식물(저광도)
잎	작다	크다
엽색	옅다	짙다
엽육 두께	증가	감소
줄기	마디가 짧다	마디가 길다
꽃	개수가 많으며 향기가 진하다	개수가 적으며 향기가 옅다
엽록소	감소	증가

햇빛 부족으로 나타나는 증상

- 식물이 더 이상 자라지 않는다.
- 잎이 누렇게 변하다가 떨어진다.
- 새로 나온 싹이 빛이 드는 방향으로 자란다.
- 줄무늬 관엽식물의 잎이 단색의 녹색으로 변한다.
- 꽃봉오리가 꽃을 피우지 못하고 떨어지거나 꽃을 맺지 못한다.

※ 해결방법
자연광을 보충하기 위해 인공광을 이용하는데 일반적으로 백열등, 형광등, 수은등, 나트륨등이 사용된다.

햇빛 과다로 나타나는 증상

- 잎이 시들어 버린다.
- 잎이 누렇게 변하며 더 이상 자라지 않는다.
- 심할 경우 탄 듯이 변한다.

※ 해결방법
차광막, 커튼, 블라인드 등을 이용하여 그늘을 만들어 준다.

광질(Light Quality)

　빛의 파장이며 자연광과 인공 광선으로 구분하고 실내에서 식물을 재배할 경우 인공 조명으로 부족한 광을 보충해 주어야 한다.

　자연광은 자외선, 가시광선, 적외선 등으로 구분된다. 자외선은 식물 색소 형성에, 적외선은 꽃이 피고 꽃눈이 맺히는 것에, 가시광선은 식물 생육에 각각 관여한다.

백열등	광도가 높으나 열이 많이 나고 수명이 짧다.
형광등	열 발생이 적고 광도가 높으며 수명이 길어 식물 생육에 적당하다.
수은등, 나트륨등	전체 조명으로는 부적당하며 식물 생육에 혼합해서 사용한다.

일장(Day Length)

　하루 중의 낮의 길이며 장일식물, 중일식물, 단일식물로 나뉜다. 낮의 길이에 따라 꽃눈을 맺고 꽃 피우는 시기를 다르게 감지하기 때문에 매년 같은 시기에 꽃을 피우고 열매 결실에 큰 영향을 미친다.

장일식물	• 12시간 이상 낮의 길이를 유지하면 꽃이 피는 식물 • 금잔화, 페튜니아, 금어초, 아이리스, 글라디올러스, 무, 배추, 시금치, 상추 등
중일식물	• 일장에 크게 영향을 받지 않는 식물 • 카네이션, 시클라멘, 제라늄, 튤립, 장미, 팬지, 백일홍, 무궁화 등
단일식물	• 낮의 길이를 12시간 이하로 유지하면 꽃이 피는 식물 • 맨드라미, 국화, 샐비어, 포인세티아, 코스모스, 나팔꽃, 칼랑코에 등

장일식물(금잔화)

중일식물(시클라멘)

단일식물(포인세티아)

온도

식물에게 알맞은 온도를 제공하는 것은 증산작용을 통해서이다. 양분과 수분 흡수 촉진 및 생장을 지배하므로 필수적이다. 실내에서 식물을 기를 경우에는 생육에 알맞은 온도조건을 유지시켜 주어야 한다. 식물의 종류와 원산지에 따라 크게 열대식물, 온대식물, 한대식물로 생육에 필요한 온도의 요구도는 차이가 나므로 적정한 온도를 유지시켜 주어야 한다.

생육적온

저온장애

고온장애

열대성 식물 (25~30℃)	· 따뜻한 곳에서 길러야 하는 식물 · 고무나무, 파인애플, 안스리움, 대부분의 관엽식물류
온대성 식물 (15~25℃)	· 서늘하거나 약간 따뜻한 곳에서 길러야 하는 식물 · 장미, 매화, 벚나무, 개나리, 튤립, 백합, 수선화, 국화 등
한대성 식물 (10~200℃)	· 추운 곳에서 길러야 하는 식물 · 전나무, 자작나무, 에델바이스 등의 고산식물

생육적온보다 온도가 낮을 때 나타나는 현상(저온장애)

저온의 피해를 오랫동안 받게 되면 잎이 말리거나 낙엽이 지며 심한 경우 죽게 된다. 아열대식물의 경우 5℃ 이하 저온에 대한 피해를 줄이기 위해서는 실내로 옮겨주거나 난방을 해준다.

생육적온보다 온도가 높을 때 나타나는 현상(고온장애)

온도가 높아지면 최대한 식물은 자신의 체온을 유지하기 위해 잎을 통해 물을 밖으로 배출하는데 이때 호흡이 증가되고 저장 양분이 과도하게 소모되며 그 배출량이 뿌리에서 흡수하는 물의 양보다 많아지면 시들고 심하면 죽게 된다.

수분

일반적으로 식물은 70~90%의 수분을 함유하고 있으며 끊임없는 물의 흡수와 배출과정을 통해 생장을 유지한다. 또한 식물이 생육하는 수분조건에 따라 수생식물, 습생식물, 중생식물, 건생식물로 분류한다.

건생식물	• 토양이 건조한 곳에서 잘 자라는 식물 • 선인장, 다육식물, 채송화, 알로에, 칼랑코에, 돌나물 등
습생식물	• 연못의 가장자리나 비교적 습한 토양에서 잘 자라는 식물 • 물망초, 식충식물, 붓꽃, 알로카시아, 버드나무, 부들 등
수생식물	• 수중에서 잘 자라는 식물로 양지에서 잘 자란다. • 수련, 연꽃, 마름, 부들, 워터칸나, 워터레터스, 물옥잠화, 개구리밥 등

수련

연꽃

워터레터스

수분이 부족할 때

잎 끝이 시들고 영양 결핍의 증상이 나타나며 오래된 잎은 떨어지고 어린잎은 적어지게 된다. 또한 여러 가지 병해충이 생기며 심하면 말라죽으므로 수분을 보충해 주어야 한다. 이때 뿌리의 상태는 토양에 있는 물을 최대한 빨아들이기 위해 잔뿌리가 많아진다.

수분이 과다할 때

　물을 자주 주어 토양 내에 물이 많아지면 뿌리 부분의 통기불량으로 산소 부족 현상을 일으켜 뿌리의 발달이 부진해져 썩게 된다. 토양 속의 미생물활동이 억제되고 양분이나 수분을 식물체로 공급하지 못해 식물이 웃자라거나 연약해져 병에 걸리기 쉽고 심할 경우 죽게 된다. 수분이 과다할 경우 수분량을 감소시켜주고 배수가 잘되도록 한다. 수분을 조절하기 위해서는 토양의 수분과 공기 중의 습도를 함께 고려해야 한다.

토양의 수분

　토양의 종류와 물 주는 횟수, 관수량에 따라 달라지며 토양의 수분이 증가하면 공기 함량이 감소하게 되어 뿌리의 발달이 억제되고 유기물이 분해되지 않아 식물의 생육이 저하된다.

수온

　토양의 지온과 차이가 심하지 않은 온도의 물을 이용한다. 너무 찬물과 더운물은 식물체의 온도 변화를 일으켜 스트레스를 주거나 뿌리를 상하게 한다.

공기 중의 습도

　공중습도이며 공기 중에 함유되어 있는 습기의 정도를 말한다. 공기 습도는 통풍과도 관계가 있으며 과습한 상태가 되면 식물이 웃자라거나 병해충을 입기 쉽다. 부족할 경우 식물의 잎 끝이 마르는 현상이 나타나고 윤기가 없어져서 관상가치가 저하된다.

▶ **실내 습도 조절 활용법**

1. 집 안에 관엽식물을 둔다
• 잎이 큰 관엽식물은 광합성을 많이 하기 때문에 산소와 더불어 뿌리로 빨아들인 물을 내뿜어
  방안의 습도를 증가시켜 기분을 상쾌하게 만든다.
• 잎이 넓은 경우에는 마른 걸레로 잎을 자주 닦아 주어 먼지가 쌓이지 않도록 한다.
• 관음죽, 벤자민고무나무, 아레카야자, 필로덴드론, 팔손이, 파키라, 엽란 등

관음죽

벤자민고무나무

팔손이

2. 작은 분수대나 어항을 둔다

토양

토양은 식물에게 필요한 물과 양분을 공급해주고 식물을 지탱해주는 역할을 한다. 좋은 흙의 조건은 통기성이 좋은 것, 배수가 잘되는 것, 보수력이 좋은 것, 보비력이 좋은 것이다. 자연흙으로는 밭흙, 황토, 논흙, 모래 등이 있으며 원예용으로는 혼합토, 특수토양 등이 있다. 일반적으로 비옥한 흙, 부엽토, 모래를 각각 5 : 3 : 2의 혼합 비율로 사용하는데 식물의 종류나 특성에 따라 달라진다.

특수토양

특수토양으로는 피트모스, 질석(버미큘라이트), 펄라이트, 수태, 바크, 난석, 하이드로볼, 훈탄, 톱밥, 땅콩껍질 등이 있으며 대부분 고온 가공되어 무균으로 가볍고 물과 비료를 보유하는 능력이 좋으며 물이 잘 빠져 통기성이 좋다.

토양의 통기성

식물의 뿌리는 흙 속에서 뿌리의 활동과 생장 등 산소 호흡을 하므로 통기성을 좋게 하기 위해 식물 특성에 맞는 토양을 사용하는 것이 중요하다. 오랜 시간 분갈이를 하지 않으면 식물의 뿌리가 밀착되고 토양이 딱딱해져 토양 내부로 스며들지 않아 식물이 물을 흡수하지 못한다.

토양의 유기물과 생물

토양의 유기물은 토양의 물리적 성질, 양이온 흡착용량, 양분의 공급과 유효성을 높여 작물생육에 도움을 준다. 토양에는 지렁이, 소동물의 여러 미생물들이 흙과 유기물을 분해하여 토양의 물리성과 양분 개선에 도움이 된다.

피트모스 (peatmoss)	습지 바닥에 초본식물이 퇴적되어 부식된 것으로 암갈색이며 보수성이 높고 보비력도 좋은 강산성이다.	
부엽토 (leaf mould)	산야에서 낙엽이 쌓여 부식된 것과 인위적으로 낙엽을 퇴적시켜 만든 것이다. 통기성, 보비력, 보수력이 좋으며 용토에 개량제로 많이 쓰인다.	
배양토 (혼합토)	질석, 펄라이트, 피트모스, 부엽, 퇴비 등이 혼합된 토양으로 통기성, 보수력, 약간의 양분을 함유한 혼합토양이다.	
펄라이트 (perlite)	진주암을 1,000℃의 고열로 가열하여 만든 무균 상태로 가볍고 약알칼리성으로 보수력과 중화능력이 있어 산성피트모스와 혼합하여 분화용으로 사용한다.	
버미큘라이트, 질석 (vermiculite)	1,000℃ 정도의 고열로 가열하여 만든 운모의 화합물로 가볍고 보수력, 보비력이 좋으며 무균 상태로 펄라이트, 피트모스와 혼합하여 사용한다.	
하이드로볼, 경석 (expanded clay)	점토를 800℃에서 구운 것으로 다공질의 적색이며 통기성과 배수성이 좋은 무균으로 화분의 배수층 소재, 수경재배, 테라리움 제작에 이용된다.	
마사토	모래이며 배수가 잘되고 통기성이 좋다. 삽목, 혼합토를 만드는 데 사용하며 굵고 가는 것으로 구분한다.	
수태, 이끼(moss)	이끼류를 건조시킨 것으로 가볍고 보수성과 배수성이 좋아 동양란과 식충식물의 재료로 쓰인다.	
바크(bark)	소나무, 참나무 껍질을 잘게 부수어 만든 것으로 다른 소재와 혼합하여 이용한다. 다공성으로 보수력과 보비력이 좋고 서양란을 식재하거나 수분 증발을 막기 위해 화분의 배양토에 얹어서 사용하기도 한다.	

4

{ 꽃이 예쁜 초화 }

한해살이 초화

1년초 또는 한해살이 초화(annuals)라 하며 씨를 뿌려 싹이 트고 꽃을 피워 열매를 맺기까지 1년이 걸리는 식물이다. 아름다운 꽃을 감상할 수 있어 화단용으로 알맞으며 계절, 화단의 기능에 따라 알맞은 종을 선택한다. 화단용으로 알맞은 종류는 키가 작고 가짓수가 많으며 꽃색이 선명하고 꽃 피는 기간이 길고 공해, 병해충, 건조, 습기에 강한 것이 좋다. 빛이 충분히 드는 장소에서 잘 자란다.

춘파 1년초

봄에 씨를 뿌려 꽃을 피우고 열매를 맺는 종류, 주로 열대나 아열대 원산의 식물이다. 건조에 강하고 고온에서 잘 자라며 여름부터 가을에 꽃이 핀다. 분꽃, 나팔꽃, 맨드라미, 봉선화, 해바라기, 과꽃, 채송화, 아게라툼, 매리골드, 샐비어, 백일홍, 천일홍 등이 있다.

추파 1년초

가을에 씨를 뿌려 이듬해 봄에 꽃을 피우고 열매를 맺는 종류이다. 온대나 아한대 원산의 식물이다. 저온에서도 잘 자라며 봄에서 초여름에 꽃이 핀다.

분꽃

맨드라미

매리골드

코스모스

샐비어

해바라기

과꽃

아게라툼

백일홍

천일홍

팬지　페튜니아　프리뮬러　시네라리아　데이지

금잔화　칼세올라리아　루피넌스　스토크　안개초

팬지, 페튜니아, 프리뮬러, 시네라리아, 데이지, 스토크, 칼세올라리아, 금잔화, 로멜리아, 고데치아, 루피넌스, 안개초 등이 있다.

한두해살이 초화

2년생 또는 두해살이 초화라고도 하며 씨를 뿌린 후 1년(12개월)이 지난 후 꽃을 피우고 열매를 맺는 식물로 추파 1년초의 생육이 길어진 형태이다.

석죽, 종꽃, 접시꽃 등이 있다.

접시꽃　종꽃　석죽

여러해살이 초화

　다년생초화 또는 숙근초라고도 한다. 한 번 씨를 뿌리면 식물의 전체 또는 일부가 여러 해 동안 살아남아서 꽃을 피우고 열매를 맺는 종류이다. 매년 심어주지 않아도 오랫동안 아름다운 꽃을 관상할 수 있다. 일반적으로 화단용으로 이용하는 것과 절화 및 분화로 이용하는 것 등으로 분류된다.

화단용	• 오랫동안 한 지역의 기후 풍토에 적응한 식물이다. • 추위에 강하며 온대 및 아한대 지역에서 자란다. • 벌개미취, 매발톱꽃, 꽃잔디, 옥잠화, 비비추, 국화, 플록스, 작약, 샤스타데이지, 루드베키아, 원추리 등
분화용	• 추위에 약해서 온실이나 따뜻한 곳에서 기르는 식물이다. • 칼랑코에, 군자란, 제라늄, 아프리칸 바이올렛, 시클라멘, 포인세티아, 제라늄, 거베라, 베고니아, 칼세올라리아 등
절화용	• 카네이션, 국화, 거베라, 스타티스, 숙근안개초, 용담, 꽃도라지 등

국화　　꽃잔디　　작약　　원추리

칼랑코에　　제라늄　　아프리칸 바이올렛　　시클라멘

카네이션　　거베라　　스타티스　　용담

알뿌리 초화(구근)

비대된 잎이나 줄기, 뿌리 등과 같은 일부의 변형된 형태로 구(球)를 이루고 그 곳에 양분을 저장하여 다음 해에도 계속해서 자라는 숙근초이다. 절화용으로

는 나리류, 글라디올러스, 프리지아, 구근아이리스, 칼라 등이 있고 분화용으로는 시클라멘, 구근베고니아, 글록시니아, 나리류 등이 있다. 구근류 중에는 재배습성 상숙근초로 취급되는 것들도 많이 있다. 일반적으로 구근류는 백합과, 수선화과, 붓꽃과가 주종을 이루고 천남성과, 생강과, 국화과 등도 있다.

춘식 구근	· 봄에 심어 여름 동안 꽃을 피우고 가을에 수확해서 저장해 두는 것이다. · 추위에 약하다. · 칸나, 달리아, 글라디올러스, 칼라, 아마릴리스 등
추식 구근	· 9월과 10월 사이 가을에 심어 봄에 꽃이 피고 여름에 수확하여 저장하는 것이다. · 봄 화단 장식에 이용된다. · 튤립, 히아신스, 백합, 수선화, 아네모네, 아이리스, 시클라멘 등

칸나 · 달리아 · 칼라 · 아마릴리스 · 히아신스 · 백합 · 수선화 · 튤립

▶ **구근의 다양한 형태**

1. 비늘줄기
   (인경)

   · 변형된 잎에 양분을 저장하여 비대해진 것으로 여러 쪽의 인편(鱗片, Scale)이 모여서 하나의 알뿌리를 형성한 것이다.
   · 튤립, 아마릴리스, 히아신스, 스노드롭, 수선화 등

2. 구슬줄기
   (구경)

   · 줄기에 양분을 저장해서 줄기의 밑부분이 비대해진 것으로 알줄기라고도 한다.
   · 글라디올러스, 크로커스, 프리지어 등

3. 덩이줄기
   (과경)

   · 줄기의 밑부분이 비대해진 것으로 겉껍질이 없거나 있더라도 흔적만 남아 있는 것을 말한다.
   · 아네모네, 칼라, 칼라디움, 시클라멘 등

4. 뿌리줄기
   (근경)

   · 땅속에서 얕게 수평으로 뻗는 땅속 줄기에 양분을 저장하여 비대해진 것으로 땅속 줄기의 끝부분이나 마디에서 눈이 생겨 싹이 튼다.
   · 아이리스, 칸나, 잔디 등

5. 덩이뿌리
   (과근)

   · 뿌리에 양분이 저장되어 비대해진 것이다.
   · 달리아, 작약, 라넌큘러스, 글로리오사 등

계절	개화기	종류
봄	3~6월	팬지, 데이지, 프리뮬러, 금잔화, 은방울꽃, 양귀비, 꽃잔디, 금계국, 붓꽃, 튤립, 크로커스, 수선화, 무스카리, 히아신스, 작약 등
여름	6~9월	샐비어, 매리골드, 페튜니아, 색비름, 천일홍, 해바라기, 칸나, 봉선화, 접시꽃, 일일초, 아게라툼, 나팔꽃, 붓꽃, 채송화, 옥잠화, 달리아, 백합, 글라디올러스, 과꽃, 백일홍 등
가을	10~11월	코스모스, 매리골드, 맨드라미, 샐비어, 아게라툼, 과꽃, 국화, 루드베키아, 숙근플록스, 숙근아스타, 쑥부쟁이, 부용, 분꽃 등
겨울	12~2월	꽃양배추 등

다양한 초화류

봄에 꽃이 피는 초화류

팬지

- 과명: 제비꽃과
- 원산지: 북유럽
- 개화기: 3~6월
- 학명: *Viola tricolor* L.
- 영명: Pansy
- 꽃: 보라색, 황색, 적색, 흰색, 자색

프리뮬러

- 과명: 앵초과
- 영명: Primula
- 학명: *Primula* spp.
- 개화기: 12~6월
- 원산지: 영국 해안, 태평양 연안, 중국 대륙
- 꽃: 홍색, 담황색, 진분홍색, 연분홍색, 흰색, 보라색

데이지

- 과명: 국화과
- 원산지: 유럽
- 개화기: 3~5월
- 학명: *Bellis perennis* L.
- 영명: English Daisy
- 꽃: 흰색, 분홍색

튤립

- 과명: 백합과
- 영명: Tulip
- 원산지: 중앙아시아, 터키, 북아메리카
- 학명: *Tulipa gesneriana* L.
- 개화기: 4~5월
- 꽃: 황색, 적색, 흰색, 분홍색, 복색 등 다양

수선화

- 과명: 수선화과
- 영명: Narcissus
- 원산지: 중앙 유럽, 지중해 연안, 중국, 한국, 일본 등
- 꽃: 흰색, 황색, 분홍색, 적색, 복색 등
- 학명: *Narcissus* spp.
- 개화기: 3~4월

무스카리

- 과명: 백합과
- 원산지: 아르메니아, 이란 서부, 유럽
- 개화기 4~5월
- 학명: *Muscari* spp.
- 영명: Grape Hyacinth
- 꽃: 파란색, 흰색

붓꽃

- 과명: 붓꽃과
- 원산지: 한국, 일본, 동부 시베리아
- 개화기: 5~6월
- 꽃: 청보라색
- 학명: *Iris sanguinea*
- 영명: Siberian Iris

작약

- 과명: 미나리아재비과
- 원산지: 한국, 중국, 동부 시베리아
- 개화기: 5~6월
- 학명: *Paeonia lactiflora* Pall.
- 영명: Paeonia
- 꽃: 흰색, 붉은색, 분홍색 등

꽃잔디

- 과명: 꽃고비과
- 원산지: 아메리카 동부
- 개화기: 3~9월
- 학명: *Phlox subulata* L.
- 영명: Ground Pink, Moss Pink
- 꽃: 흰색, 분홍색, 자색

여름에 꽃이 피는 초화류

페튜니아

- 과명: 가지과
- 원산지: 남아메리카
- 개화기: 5~10월
- 학명: *Petunia hybrida* Hort.
- 영명: Petunia
- 꽃: 백색, 청색, 분홍색, 적색, 복색 등

아프리카 봉선화

- 과명: 봉선화과
- 원산지: 동부 아프리카
- 개화기: 6~9월
- 학명: *Impatiens sultanii* Hook.
- 영명: Garden Impatiens, Sultan Snapweed
- 꽃: 진홍색, 자홍색, 오렌지색, 분홍색, 흰색 등

달리아

- 과명: 국화과
- 원산지: 멕시코
- 개화기: 5~10월
- 학명: *Dahlia hybrida* Hort.
- 영명: Dahlia
- 꽃: 흰색, 노란색, 분홍색, 적색, 복색 등

베고니아

- 과명: 베고니아과
- 원산지: 브라질
- 개화기: 연중
- 학명: *Begonia semperflorens* Link.
- 영명: Begonia
- 꽃: 적색, 분홍색, 흰색

가을에 꽃이 피는 초화류

맨드라미

- 과명: 비름과
- 원산지: 미국, 아시아, 아프리카 열대
- 개화기: 6~10월
- 학명: *Celosia cristata* L.
- 영명: Cockscomb
- 꽃: 황색, 홍색, 자색, 주황색, 주홍색

해바라기

- 과명: 국화과
- 원산지: 미국
- 개화기: 8~10월
- 학명: *Helianthus annuus* L.
- 영명: Common Sunflower, Mirasol
- 꽃: 노란색

코스모스

- 과명: 국화과
- 원산지: 멕시코
- 개화기: 8~11월
- 학명: *Cosmos bipinnatus* Cav.
- 영명: Common Cosmos
- 꽃: 붉은색, 흰색, 분홍색, 적갈색

국화

- 과명: 국화과
- 원산지: 한국, 중국, 만주 동남부
- 개화기: 9~11월
- 학명: *Chrysanthemum morifolium* Ramat.
- 영명: Chrysanthemum
- 꽃: 적색, 흰색, 핑크, 적갈색, 혼합색

천일홍

- 과명: 비름과
- 원산지: 미국 열대 지역
- 개화기: 6~10월
- 학명: *Gomphrena globosa* L.
- 영명: Glode-amaranth
- 꽃: 흰색, 붉은색, 분홍색, 진홍색 등

꽃양배추

- 과명: 십자화과
- 원산지: 북유럽
- 개화기: 10~12월
- 학명: *Brassica oleracea* L. var.
- 영명: Flower Cabbage
- 꽃: 진분홍색, 분홍색, 붉은색, 유백색

분화용 초화류

칼랑코에

- 과명: 돌나물과
- 원산지: 마다가스카르
- 개화기: 연중

- 학명: *Kalanchoe blossfeldiana* Poelln.
- 영명: Kalanchoe
- 꽃: 분홍색, 노란색, 적색, 오렌지색

아프리칸 바이올렛

- 과명: 제스네리아과
- 원산지: 원예교배종
- 개화기: 연중

- 학명: *Saintpaulia* spp.
- 영명: African Violet
- 꽃: 진분홍색, 분홍색, 보라색, 유백색

시클라멘

- 과명: 앵초과
- 원산지: 지중해 연안
- 개화기: 연중
- 학명: *Cyclamen persicum* Mill.
- 영명: Cyclamen
- 꽃: 진분홍색, 분홍색, 선홍색, 유백색

칼세올라리아

- 과명: 현삼과
- 원산지: 원예교배종
- 개화기: 2~4월
- 학명: *Calceolaria herbeohybrida* Voss.
- 영명: Pocket Plant
- 꽃: 흰색, 노란색, 붉은색, 오렌지색 등

제라늄

- 과명: 쥐손이풀과
- 원산지: 남아프리카
- 개화기: 6~9월
- 학명: *Pelargonium inquinans* Aiton.
- 영명: Fish Geranium, House Geranium
- 꽃: 흰색, 붉은색, 핑크, 오렌지색

포인세티아

- 과명: 대극과
- 원산지: 멕시코 남부
- 개화기: 11~12월
- 학명: *Euphorbia pulcherrima* Willd.
- 영명: Poinsettia
- 꽃: 붉은색, 노란색, 초록색

크로산드라

- 과명: 쥐꼬리망초과
- 원산지: 인도 남부, 스리랑카
- 개화기: 6~9월
- 학명: *Crossandra infundibuliformis*
- 영명: Crossandra
- 꽃: 오렌지색

디기탈리스

- 과명: 현삼과
- 원산지: 서부 유럽, 남부 유럽
- 개화기: 7~8월
- 학명: *Digitalis purpurea* L.
- 영명: Common Foxglove
- 꽃: 홍자색, 분홍색, 황색 등 다양

5

{ 잎을 보는 관엽식물 }

관엽식물이란

관엽식물은 아름다운 잎의 색이나 모양을 관상의 대상으로 하는 식물을 말하며 꽃은 피더라도 화려하지는 않다. 주로 열대나 아열대의 분화용 온실 관엽식물과 화단용 노지 관엽식물로 구분하고 목본이나 초본식물을 포함한다.

대부분의 관엽식물은 열대 정글 속에 사는 식물이거나 아열대 수림 속에 사는 상록식물이다. 우리나라에서는 겨울에 온실이나 실내에서 길러야 하며 강한 햇빛보다는 음지에서 잘 자란다. 최근 다양한 인테리어 소품으로 이용되거나 환경적인 기능을 위해 실내를 장식하는 데 주로 많이 이용된다.

천남성과의 알록카시아, 몬스테라, 필로덴드론, 아글레오네아, 스파트필름, 파인애플과의 구즈마니아, 에크메아, 틸란드시아, 고사리과의 파초일엽, 필레아, 아디안텀, 네프로네피스, 야자류의 아레카야자, 켄차야자, 관음죽, 종려죽, 뽕나무과의 고무나무류, 백합과의 아스파라거스, 엽란, 접란, 코르딜리네, 행운목, 베고니아류, 선인장류 등이 있다.

알맞은 환경조건

광

일반적으로 관엽식물은 반음지 상태의 빛을 좋아한다. 봄부터 가을까지는 빛을 반으로 줄여주는 것이 좋으며 겨울에는 유리 창문을 통해서 햇빛을 충분히 받을 수 있도록 하는 것이 좋다. 관엽식물에는 광선을 좋아하는 양생식물과 그늘에서 잘 자라는 음생식물, 중생식물이 있다.

강한 빛(양생식물):
크로톤, 소철, 칼라디움,
틸란드시아, 에크미아

중간 빛(중생식물):
아로우카리아, 산세비에리아,
호야, 야자류 등

약한 빛(음생식물):
몬스테라, 고사리류, 드라세나,
홍콩야자, 페페로미아

온도

관엽식물은 열대지방과 온대지방에서 자생하는데 우리나라에서는 제주도를 제외하고 겨울 동안은 보온이나 가온을 해야 하며 정상적으로 생육하기 위해서는 최저 12℃ 정도는 유지해야 한다. 정상적인 생육을 위해서 8℃ 이하가 되면 실내로 옮겨서 길러야 하며 실내에서도 현관이나 복도 등 난방을 하지 않는 곳에서는 식물의 최저 생육온도를 참고해야 한다.

관엽식물의 생육온도

10~15℃	헤데라, 아이비, 문주란, 녹영, 백량금, 아로우카리아 등
15~18℃	페페로미아, 코르딜리네, 야자류, 호야, 백묘국 등
18~21℃	크로톤, 디펜바키아, 드라세나, 구즈마니아, 다육식물 등

관엽식물의 최저온도

0~5℃	아스파라거스, 접란, 알로에, 산세비에리아, 호야, 피닉스야자 등
5~10℃	드라세나류, 테이블야자, 아디안툼, 필로덴드론 등
10~15℃	고무나무류, 페페로미아, 디펜바키아, 코르딜리네, 안스리움 등

습도

대부분의 관엽식물은 50~70%의 상대습도를 필요로 한다. 실내에서는 냉방과 난방으로 공중습도가 낮아지므로 습도의 유지를 위해 분무기와 가습기를 이용하여 습도를 높여 주어야 한다. 습도를 유지하기 위한 방법으로는 잎에 분무를 해주거나 가습기를 이용하거나 인공 분수나 폭포 용기에 물을 담아 놓는 것이 좋다. 여름보다는 겨울에 건조가 더 심하다.

환기

실내에서 환기를 제대로 하지 않으면 각종 병해충 발생의 원인이 된다. 실내 온도가 20℃ 이상이 되면 창문을 열어 바람을 통하게 해주는 것이 좋다. 지나치게 건조하면 잎이 떨어지거나 누렇게 되므로 자주 환기시키고 건조하지 않도록 분무기로 잎에 물을 뿌려주면 좋다.

다양한 관엽식물

스파트필름

- 과명: 천남성과
- 원산지: 열대 아메리카
- 학명: *Spathiphyllum* Schott.
- 영명: White Anthurium, Peace Lily

싱고늄

- 과명: 천남성과
- 원산지: 멕시코, 코스타리카
- 학명: *Syngonium podophyllum* Schott.
- 영명: Arrowhead Vine

골드크러스트(쿠프레서스)

- 과명: 측백나무과
- 원산지: 캘리포니아
- 학명: *Cupressus macrocarpa* Hartw.
- 영명: Goldcrest, Monterey Cypress

아글라오네마

- 과명: 천남성과
- 원산지: 필리핀, 말레이시아, 보르네오
- 학명: *Aglaonema commutatum* Schott.
- 영명: Silver Evergreen

페페로미아

- 과명: 후추과
- 원산지: 열대 아메리카, 남부 플로리다
- 학명: *Peperomia*
- 영명: Peperomia

호야

- 과명: 박주가리과
- 원산지: 일본 남부, 중국, 오스트레일리아
- 학명: *Hoya carnosa*(L.f.) R.Br.
- 영명: Wax Plant

아이비

- 과명: 두릅과
- 원산지: 유럽
- 학명: *Hedera helix* L.
- 영명: Ivy

벤자민고무나무

- 과명: 뽕나무과
- 원산지: 인도, 말레이시아
- 학명: *Ficus benjamina* L.
- 영명: Banjamin Tree

안스리움

- 과명: 천남성과
- 원산지: 중앙아메리카, 남아메리카
- 학명: *Anthurium scherzeriabum* Schott.
- 영명: Anthurium

드라세나

- 과명: 백합과
- 원산지: 아시아, 아프리카
- 학명: *Dracaena sanderiana* Hort.
- 영명: Belgian Evergreen

관음죽

- 과명: 야자과
- 원산지: 중국 남부
- 학명: *Rhapis excelsa* Henry ex Rehder
- 영명: Large Lady Palm

셰플레라

- 과명: 두릅나무과
- 원산지: 중국 남부, 대만
- 학명: *Scheffera arbarkola* Hayfa.
- 영명: Umbrella Tree

장식하기 좋은 관엽식물

율마

박쥐란

개운죽

관리하기 쉬운 관엽식물

싱고늄

드라세나

스킨답서스

잎이 독특하고 아름다운 관엽식물

알록카시아

페페로미아

제브리나

개성이 강한 관엽식물

소철

극락조화

코르딜리네

아래로 자라는 관엽식물

호야

아이비

퓨밀라

꽃처럼 예쁜 관엽식물

아나나스

안스리움

히포에스테스

6

{ 선인장과 다육식물 }

선인장이란

선인장의 가장 큰 특징은 잎 대신에 가시를 가지고 있으며 보통 식물에서는 보이지 않는 독특한 구형, 평형, 원형, 원통형 등의 형태를 이루고 있다는 것이다. 형태적으로는 선인장도 다육식물에 속하나 선인장과 식물이 많이 있기 때문에 선인장과 그 외의 다육식물로 나뉜다.

오랜 건조에도 견딜 수 있도록 많은 수분을 오랫동안 보유하는 능력을 가지고 있다. 선인장 가시는 사막에서 잎의 증산을 막기 위해 퇴화하여 생긴 것이며 동물로부터 자신을 보호하는 역할을 하기도 한다. 선인장은 원산지에서 식용이나 약용으로 이용되기도 하나 원예식물로서의 가치가 더 크고 나뭇잎선인장아과, 부채선인장아과, 기둥선인장아과로 크게 분류한다.

원산지와 분포

원산지는 남북아메리카 대륙과 그 주위 많은 섬들이며 주요 자생지는 열대, 아열대, 남온대권의 미국 캘리포니아, 애리조나, 뉴멕시코, 텍사스 등의 남부 주와 멕시코, 페루, 볼리비아, 칠레, 아르헨티나, 브라질, 그 외의 남미 국가들이다. 더위가 극한적인 열대에서 자생하는 것들은 의외로 소수에 불과하며 오히려 눈이 내리는 온대에 자생하는 종류도 있다. 일부 선인장은 표고 4,000m를 넘는 안데스 고산지에서 자생하고 극한의 추위에서도 잘 견딘다. 반대로 어떤 선인장은 파도가 밀려오는 해안지대에 자생하는 것도 있다.

알/ 아/ 두/ 기

▶ 가시

선인장을 아름답게 하는 것은 가시이다. 선인장의 가시는 가시 자리에서 나오지만 꽃기린과 같은 다육식물에서 보이는 가시는 표피조직 일부가 돌출되어 가시가 되었을 뿐 가시 자리는 없다. 선인장 가시는 그 자체로 관상 대상이 될 정도로 색깔이 가지각색이며 길이나 굵기, 그리고 가시 숫자도 종류에 따라 크게 달라진다. 대부분의 선인장은 가시 자리 중앙에 큰 중앙 가시가 1~2개 있으며 이 중앙 가시를 둘러싸고 주변 가시가 5~20개 정도 있다.

▶ 꽃

선인장 꽃은 색상이 다른 일반적인 식물에 비해 선명한 것이 특징이다. 꽃 피는 기간은 1개월 이상으로 오랫동안 감상할 수 있으며 봄, 여름, 가을에 걸쳐 계속 개화하는 것도 있다. 대부분의 선인장 꽃은 향기가 없으나 월하미인과 같이 향기가 있는 것도 있고 밤이 되어야만 꽃이 피는 종류도 있다.

▶ 주름

선인장의 표면에는 깊은 주름이 있는 것들이 많은데 이들 주름은 주변의 복사열에 의해서 체온이 지나치게 올라가지 않도록 체온을 조절하는 라디에이터(radiator) 역할을 하는 것으로 알려져 있다.

다육식물이란

    다육식물이란 식물체, 특히 줄기나 잎이 수분을 많이 함유하고 있는 유조직, 즉 저수조직이 발달하여 두터운 육질을 이루고 있는 식물을 말한다. 다육식물은 선인장과 용도적으로나 형태적으로 가까우며 약 50과 1만 종이 넘는 다양한 식물 종류를 가지고 있다. 자생지는 아프리카 남부를 중심으로 아프리카 대륙 전체, 카나리아 제도, 마다가스카르 섬, 아라비아 반도, 남부 인도, 아메리카, 멕시코 중미와 남서부에 걸쳐 분포하고 있다.

타키투스

크라슐라아

불야성

미파

흑법사

까라솔

녹영

만상

천대전금

설연

아악무

환옥

다육식물의 분류

　다육질의 부위에 따라 잎이 다육질인 경우, 줄기가 다육질인 경우, 줄기 하부나 지하부가 비대한 식물로 분류한다. 종류로는 칼랑코레속, 로케아속, 크라슐라속, 에케베리아속, 세듐속, 유포르비아속, 알로에속, 하워티아속, 아가베속, 산세비에리아속, 세네지오속 등이 있다.

알맞은 환경조건

광선

　선인장에게 햇빛은 아주 중요하며 할 수만 있다면 많은 햇볕을 쬐어 주는 것이 좋다. 가능한 한 남향이나 동남향으로 두거나 해를 쪼이는 시간을 길게 하는 것이 중요하다. 햇빛이 부족하면 개화 직전의 꽃망울을 가진 선인장이 꽃을 피우지 못하고 그대로 말라버리거나 기둥 선인장이 가늘어지거나 연약해진다.

온도

　선인장은 저온과 고온에 강한 편이며 낮 최고 30~40℃에서, 야간 최저 0℃에서도 생육이 가능하다. 봄과 가을의 경우 같은 온도를 유지시켜주고 여름에는 충분히 환기를 시켜주고 지나친 온도 상승은 막아 주는 것이 좋다. 충분한 환기나 통풍은 선인장의 몸체를 건강하게 만들어 주어 선인장을 아름답게 관상할 수 있다.

통풍 부족으로 병해충 발생

수분

선인장은 건조에 강하므로 우리나라에서는 오히려 수분 과다로 뿌리가 썩어 죽는 경우가 대부분이다. 수분이 부족하더라도 쉽게 시들지는 않으나 적당한 수분은 필요로 한다. 물 주는 양과 기간은 화분의 크기, 선인장의 종류와 크기, 생장기, 휴면기 등에 따라 변하는데 물을 줄 때는 오랜만에 주는 것이므로 한 번에 충분한 양을 주는 것이 좋으며 그동안 비워둔 저수조직이 수분을 충분히 흡수하도록 해야 한다. 화분의 용토가 1/3 정도가 마르면 흘러나올 정도로 물을 흠뻑 주고 건조될 때까지 충분히 기다린 후 물을 주는 것이 좋다.

토양

선인장은 과습에는 약하고 건조에는 강하므로 토양도 배수가 잘되는 모래흙이 주원료가 되며 보수성이 좋아야 하고 유기물은 적게 넣는 것이 좋다. 점토질 흙은 사용하면 통기성이 나빠져 뿌리 썩음의 원인이 되므로 피하는 것이 좋다.

화분

선인장은 다른 원예식물과는 달리 대부분 토분이나 도자기분에 심어 판매하고 있다. 화분은 용토 내의 수분 조절, 토양 내 온도 유지에 중요한 역할을 하는데 플라스틱 화분의 선인장은 오랜 기간 햇빛을 받기 때문에 토양의 온도가 너무 높아질 수 있다. 플라스틱 화분과는 달리 토분은 수분의 증산이 가능하고 건조가 빠르게 이루어져 생육에 좋다. 선인장의 화분이 너무 크면 수분 조절이 어렵고 용토가 많이 들어가서 건조가 늦어지므로 화분의 직경이 12cm 이상이 되면 화분 바닥에 통기와 배수가 잘되도록 배수층을 조절해 주어야 한다.

다양한 선인장과 다육식물

게발선인장

- 과명: 선인장과
- 원산지: 브라질
- 학명: *Schlumbergera truncata* (Haw.) Moran
- 영명: Thanksgiving Cactus, Crab Cactus

러브체인(세로지아)

- 과명: 박주가리과
- 원산지: 남아프리카 나탈, 남로디지아
- 학명: *Ceropegia woodi* Schlechter.
- 영명: String of Hearts

비모란

- 과명: 선인장과
- 원산지: 파라과이 원산종의 원예품종
- 학명: *Gymnocalycium mihanovichii* Br. & R.
- 영명: Ruby Balls

산세비에리아

- 과명: 백합과
- 원산지: 열대 서부 아프리카
- 학명: *Sansevieria trifasciata* Prain.
- 영명: Snake Plant

세듐

- 과명: 돌나물과
- 원산지: 멕시코
- 학명: *Sedum morganianum* E. Walth.
- 영명: Donkey Tail, Monkey's Tail

알로에

- 과명: 백합과
- 영명: Aloe Vera, Medicinal Aloe
- 학명: *Aloe vera* Webb. et Berth
- 원산지: 인도, 아라비아, 북아프리카, 카나리아 제도, 마데이라 제도

희춘성

- 과명: 선인장과
- 원산지: 멕시코
- 학명: *Mammillaria humboldtii* Ehrenb. for.
- 영명: Mammillaria

왕관용

- 과명: 선인장과
- 원산지: 멕시코
- 학명: *Ferocactus glaucescens* Britton & Rose
- 영명: Cactus Blue Barrel

길상천

- 과명: 수선화과
- 원산지: 미국 애리조나, 뉴멕시코
- 학명: *Agave parryi* var.
- 영명: Mescal, Mesual

꽃기린

- 과명: 대극과
- 원산지: 마다가스타르
- 학명: *Euphorbia milii* var.
- 영명: Crown of thorns

아악무(은행목)

- 과명: 쇠비름과
- 원산지: 남아프리카
- 학명: *Portulacaria afra* Jacq.
- 영명: Elephant Bush

천대전금

- 과명: 백합과
- 원산지: 남아프리카 케이프타운
- 학명: *Aloe variegata* L.
- 영명: Partridge Breast

녹영(줄초록구슬)

- 과명: 국화과
- 원산지: 서남아프리카
- 학명: *Senecio rowleyanus* H. Jacobsen
- 영명: String of Beads

공작선인장

- 과명: 선인장과
- 원산지: 남아메리카 북부, 에콰도르, 페루
- 학명: *Napalxochia ackermannii*
- 영명: Red Orchid Cactus

다양한 종류의 선인장과 다육식물

7

{ 난 }

난이란

    난은 난초라고도 하며 식물학적으로 가장 진화한 것으로 알려져 있다. 꽃이 매우 아름답고 꽃의 수명이 다른 식물에 비해 길며 꽃과 잎, 줄기의 모양이 다양하고 특별한 매력을 가지고 있다. 난은 열대, 아열대, 온대에 걸쳐 25,000~30,000여 종이 있다. 동양란과 서양란으로 나뉘며 생태학적으로 생활습성에 따라 지생란과 착생란으로도 구분한다.

    난꽃의 형태는 꽃받침 3장과 꽃잎 3장으로 구성되어 있으며 그중 꽃잎 1장은 크고 아름다운 모양으로 입술 꽃잎이라고 한다. 꽃 중심의 꽃술대는 수술과 암술이 하나로 이루어져 있고 꽃술대 맨 윗부분에 꽃가루가 들어 있어 꽃가루를 주입하면 수정이 이루어진다.

    난의 뿌리는 잔뿌리가 없고 굵고 매끈한 백색의 뿌리가 곧게 자란다. 벨라맨(velamen)층이라는 조직이 감싸고 있어 완충제, 수분 보존, 증발 억제, 건조 방지 등의 역할을 한다.

춘란　한란　혜란　풍란

원산지에 따른 분류

동양란

동양란은 한국, 일본, 대만 등의 온대성 기후에 자생하는 난과 식물을 말한다. 춘란류, 한란류, 혜란류, 석곡류, 풍란류, 나도풍란류 등이 있다.

서양란

서양란은 남·북반구의 열대부터 아한대의 기후에 분포하며 많은 종들이 개량되어 관상용으로 이용되고 있다. 심비디움, 팔레노프시스(호접란), 덴드로비움, 덴파레, 카틀레야, 온시디움, 밀토니아, 반다 등이 있으며 절화 및 분화로 이용되고 있다.

호접란　캬틀레아　덴파레　온시디움

뿌리의 습성에 따른 분류

지생란(地生蘭)

　지생란은 땅에서 자생하며 아열대 온대지방에 분포한다. 뿌리를 통해 수분과 양분을 흡수하며 심비디움, 파피오페딜룸 등이 있다.

착생란(着生蘭)

　착생란은 나무줄기 또는 바위에 붙어 생육하며 열대, 아열대 원산의 서양란이다. 뿌리는 공기 중의 수분과 양분을 흡수하며 카틀레아, 덴드로비움, 팔레노프시스, 반다, 풍란 등이 있다.

알맞은 환경조건

광선

봄에서 가을까지 적당한 빛이 필요하며 오전의 빛은 난에 있어 보약과도 같다. 레이스 커튼 사이로 들어오는 빛이 가장 무난하며 빛이 부족할 경우 잎이 연약해져 가늘게 늘어지고 꽃이 피지 않고 병해충이 발생한다.

온도

서양란은 온도에 따라 생육에 차이가 나며 낮 8~13℃, 밤 10~21℃ 정도의 온도 유지가 필요하다. 서양란의 경우는 꽃눈이 분화하려면 12~13℃가 유지되어야 하고 동양란은 낮에는 15~25℃, 밤에는 10~20℃를 유지해준다.

수분

물을 너무 많이 주면 뿌리가 썩고 부족하면 성장에 문제가 생긴다. 물 주기는 난이 위치한 환경에 따라 다르기 때문에 토양이 건조한 상태에서 주는 것이 좋으며 토양과 뿌리가 충분히 젖게 주는 것이 좋다. 잎이 건조되지 않도록 자주 분무해 준다.

비료 주기

봄가을에는 적당량의 비료를 주어야 꽃을 볼 수 있다. 비료는 2월 중순부터 10일 간격으로 5월 중순까지 주고 9월부터 10월 하순까지 구분하여 소량을 묽게 희석해서 자주 주는 것이 좋으며 한여름과 겨울에는 비료를 주지 않는 것이 좋다.

1 파피오페딜룸   2 발레리나 오키드   3 오키드 미미크리

4 타이거 오키드   5 몽키 오키드   6 몽키 오키드

7 몽키 오키드   8 레이디 슬리퍼스 오키드   9 드라큘라 오키드

다양한 난

카틀레야

- 과명: 난초과 원예교배종
- 원산지: 열대 남아메리카
- 학명: *Cattlleya* spp.
- 영명: Cattlleya

심비디움

- 과명: 난초과 원예교배종
- 원산지: 유럽 남부, 말레이시아, 동남아시아, 필리핀 등
- 학명: *Cymbidium* spp.
- 영명: Cymbidium

밀토니아

- 과명: 난초과
- 원산지: 브라질
- 학명: *Miltonia* spp.
- 영명: Miltonia

온시디움

- 과명: 난초과
- 원산지: 코스타리카, 멕시코, 베네수엘라, 페루
- 학명: *Oncidium* spp.
- 영명: Dancing Ladies

풍란

- 과명: 난초과
- 원산지: 한국 남해안, 일본
- 학명: *Neofinetia falcata* Hu.
- 영명: Sicke Neofinetia

팔레놉시스(호접란)

- 과명: 난초과
- 원산지: 오스트레일리아, 대만, 열대 아시아 전역
- 학명: *Phalaenopsi* spp.
- 영명: Phalaenopsis

▶ **파피오페딜룸 분장식**

· 과명: 난초과
· 학명: *Paphiopedilum* spp.
· 원산지: 보르네오
· 지생난으로 광택이 나는 갈색, 노란색, 녹색, 주황색, 자주색 등 화려한 색이 있으며 수명은
  길다.
· 적합한 장소: 반음지의 따뜻한 장소, 5～16℃에서 잘 자라며 직사광선은 피한다.
· 물 주기: 물은 규칙적으로 토양이 마르지 않게 주고 겨울에는 적게 준다.
· 휴면기가 없으며 매년 분갈이를 하고 난 전용 비료를 사용한다.

8

{ 허브 }

허브란

　향기가 있는 식물이라는 의미로 예로부터 향초, 약초, 향신료로 사용되는 식물의 총칭으로 향신채라고도 한다. 허브의 이용 부위와 범위가 다양해져서 향료, 약용, 채소양념, 식품보조제 등 광범위하게 사용되고 있다.

『옥스퍼드영어사전』에는 '잎이나 줄기가 식용과 약용으로 쓰이거나 향과 향미(香味)로 이용되는 식물'을 허브로 정의하고 있다. 즉 허브는 '향이 있으면서 인간에게 유용한 식물'이라고 정의할 수 있다. 우리 조상들이 단옷날에 머리를 감는 데 쓰던 창포와 양념으로 빼놓을 수 없는 마늘, 파, 고추, 그리고 민간요법에 쓰던 쑥, 익모초, 결명자 등을 모두 허브라고 할 수 있다.

허브의 역사

허브는 푸른 풀을 의미 하는 라틴어 'Herba'에 어원을 두고 있는데 기원전 4세기경의 그리스 학자인 테오프라스토스(Theophrastos)는 식물을 교목, 관목, 초본으로 나누면서 '향과 약초'라는 뜻으로 처음 허브라는 말을 사용하였다. 현대에 와서는 '꽃과 종자, 줄기, 잎, 뿌리 등이 약, 요리, 향료, 살균, 살충 등에 사용되는 인간에게 유용한 모든 초본식물'을 허브라고 한다.

허브는 고대인들에게 약초로서 큰 힘을 발휘하였다. 중국에서는 기원전 5000년경부터 허브를 사용하였으며 이집트에서는 기원전 2800년경에, 그리고 바빌로니아에서는 기원전 2000년경에 허브를 사용하였다는 사실을 역사적 기록을 통해 알 수 있다. 이집트에서는 미라를 만들 때 부패를 막고 초향을 유지하기 위해 많은 스파이스(spice)와 허브를 사용하였다.

허브는 향초다

허브는 우리를 기분 좋게 하는 향기를 가지고 있어 특히 방향제를 만드는 원료로 많이 쓰고 있다. 또한 해충의 피해를 덜어주는 효능도 있어 향기 나는 방충제로도 사용된다.

허브는 채소다

일반적으로 영양 성분이 들어 있어서 식용으로 재배하는 풀을 채소라고 한다. 허브도 비타민과 무기질을 비롯한 각종 미량 영양소를 풍부하게 가지고 있어 요리에 향과 맛은 물론 영양을 더하기 위해서 이용되고 있다. 또한 허브는 살균 효과까지 있어 식품과 요리의 보존성을 높이는 데에도 사용되고 있다.

허브는 미용초다

　피부는 식물성 자연을 좋아한다. 특히 허브꽃에는 좋은 성분이 많이 들어 있어서 화장수나 팩을 만들 때 넣으면 피부 탄력과 젊음을 유지하는 데 도움이 된다.

허브는 약초다

　허브는 각종 질환에 치료 효과를 발휘하는 약효 성분을 지니고 있으며 차나 술로 담가 그 성분을 우려내 건강을 지키는 데 이용할 수 있다. 최근에는 허브의 방향 성분인 정유를 추출해 향요법이라는 자연의학으로까지 발전하고 있다.

알맞은 환경조건

광선

  대부분의 허브는 건조한 여름과 따뜻한 겨울이 있는 지중해성 기후에서 자라기 때문에 강한 햇빛을 좋아한다. 빛의 강도와 빛을 받는 시간에 따라 향기가 차이가 난다. 가능하면 오전에 빛을 강하게 받게 하는 것이 좋다. 실내에서 키울 때는 햇빛이 잘 드는 창가에 두거나 하루에 16시간씩 지속적으로 형광등 불빛 아래에 가깝게 놓아 둔다. 특히 실내에서는 환기를 자주 하여 신선한 공기를 공급하는 것이 무엇보다 중요하며 적어도 베란다 창문을 열어 환기를 시켜주면 좋다.

수분

  허브의 종류에 따라 수분 요구도가 다르다. 일반적으로 배수가 잘되고 과습하지 않게 관리하는 것이 좋다. 우리나라의 경우 장마철에는 고온다습으로 인해 병해충이 많이 발생하므로 물 주는 것을 줄여야 한다. 겨울철에는 저온에 주의하고 실내에서는 난방으로 인해 쉽게 건조하므로 식물의 상태를 잘 살펴야 한다.

알/ 아/ 두/ 기

- 허브 화분을 고르기 전에 어디에서 기를 것인지 생각한다(정원, 베란다, 실내 등).
- 햇빛의 양이 많은지, 그늘진 곳인지 확인한다.
- 바람은 잘 통하는지 확인한다.
- 판매되는 건강한 묘목을 구입한다.
- 추위에 강한 허브: 캐모마일, 페퍼민트, 벨가못, 야로우, 스피아민트, 차이브, 레몬밤, 타임, 로즈메리, 애플민트, 초코민트 등
- 추위에 약한 허브: 마조람, 파인애플세이지, 제라늄, 샤프란, 체리세이지, 멕시칸세이지, 라벤더, 바질, 캔들프렌트 등
- 햇빛을 좋아하는 허브: 타임, 세이지, 메리골드, 레몬그라스, 레몬버베나, 로즈메리 등

다양한 허브

레몬밤

- 과명: 꿀풀과
- 원산지: 남유럽, 지중해 연안
- 학명: *Melissa officiralis*
- 영명: Lemon Balm
- 케이크나 쿠키, 젤리 등에 향을 가미하는 데 쓰고 고기요리, 차로 이용한다.

라벤더

- 과명: 꿀풀과
- 원산지: 지중해 연안, 아프리카 북부
- 학명: *Lavandula angustifolia* Mill.
- 영명: Lavender
- 케이크나 쿠키, 젤리 등에 향을 가미하는 데 쓰이고 고기요리, 차로 이용한다.

로즈메리

- 과명: 꿀풀과
- 학명: *Rosmarinus officinalis* L.
- 원산지: 유럽, 지중해 연안
- 영명: Rosemary
- 고기나 생선요리에 생잎을 첨가하여 냄새를 없애주거나 풍미를 더하는 데 쓰인다.

세이지(샐비어)

- 과명: 꿀풀과
- 학명: *Salvia* spp.
- 원산지: 한국, 일본, 시베리아, 아시아 북부
- 영명: Sage
- 샐러드, 고기, 생선요리의 맛을 돋우고 소화를 촉진하는 데 많이 이용된다.

민트

- 과명: 꿀풀과
- 학명: *Mentha* spp.
- 원산지: 한국, 일본, 시베리아, 아시아 북부
- 영명: Mint
- 애플민트, 스피아민트, 초코민트, 파인애플민트, 오데코롱민트
- 청량감이 있고 허브요리, 디저트, 과자의 향료, 로션, 세제 등에 폭넓게 이용한다.

헬리오트로프

- 과명: 지치과
- 학명: *Heliotropium arborescens* L.
- 원산지: 페루, 에콰도르 원산종의 원예품종
- 영명: Heliotrope
- 바닐라와 비슷한 달콤하면서 상큼한 향기가 있어 향수의 원료로 이용된다.

레몬버베나

- 과명: 마편초과
- 원산지: 유럽, 남미, 칠레
- 레몬 향이 강하며 레몬수, 차로 이용한다.

- 학명: *Aloysia triphylla* Britt.
- 영명: Lemon Verbena

나스터튬

- 과명: 한련과
- 원산지: 남미, 페루

- 학명: *Tropaeolum majus* L.
- 영명: Nastertium

- 꽃이 아름다운 1년초로 연잎을 닮았으나 뭍에서 핀다하여 한련(旱蓮)이라 한다. 일본에서는 황금빛 꽃이 피는 연잎을 닮은 꽃이라 하여 금련화라고도 한다.

캐모마일

- 과명: 국화과
- 원산지: 유럽, 북아프리카, 북아시아
- 학명: *Matricaria recutita* L.
- 영명: Chamomile
- 미용 효과가 뛰어나며 수포법을 이용하면 피부 결을 매끄럽게 한다.

야로우

- 과명: 국화과
- 원산지: 한국, 일본, 시베리아, 아시아 북부
- 학명: *Achillea millefolium* L.
- 영명: Yarrow
- 서양톱풀이라고도 하며 미네랄이 풍부하여 샐러드, 차로 이용된다.
- 더위, 추위 병충해에 강하다.
- 소화 촉진, 혈액 정화, 살균, 지혈 작용, 고혈압 예방, 탈모 예방(다린물)에 좋다.

벨가못

- 과명: 꿀풀과
- 원산지: 북미
- 학명: *Monarda didyma* L.
- 영명: Bergamot, Bee Balm, Oswego Tea

백리향

- 과명: 꿀풀과
- 원산지: 한국
- 학명: *Thymus quinquecostatus* Celak.
- 영명: Thyme

레몬그라스

- 과명: 화본과
- 원산지: 인도, 말레이시아
- 학명: *Cymbopogon citratus*
- 영명: Lemongrass

바질

- 과명: 꿀풀과
- 원산지: 동남아시아, 유럽, 아메리카, 일본 등
- 학명: *Ocimum basilicum* L.
- 영명: Sweet Basil

아로마테라피(향기요법)

그 식물체로서의 기능과 잎과 꽃, 줄기, 뿌리, 열매에서 추출하는 정유(精油, essential oils)이다.

Aroma(향)와 Therapy(치료)의 합성어로 향기가 나는 에센셜 오일을 가지고 질병 예방, 치료, 미용 등을 위해 사용하고 허브에서 추출한 100%의 순수한 향기 성분이며 정유를 이용해서 신경정신과나 피부질환 등을 치료하는 것을 말한다. 천연 방향 성분의 물질이며 향은 정신세계가 열리도록 몸을 이완시켜 깊은 명상에 몰입하도록 도와준다.

- 페퍼민트: 집중력 향상, 살균 작용
- 라벤더: 정신을 안정시키는 작용, 피로 회복, 우울증과 불면증에 효과
- 로즈메리: 머리를 맑게 하여 학습력을 증진, 무기력과 정신적 피로에 효과
- 레몬그라스: 근육통 완화, 살균 작용, 정신적 피로에 효과
- 베르가모트: 진정, 식욕 조절, 살균 효과
- 라임: 무기력하거나 우울할 때 효과적, 해열, 살충
- 마조람: 우울증 해소, 소화 촉진, 피부 연화
- 바질: 기분 전환, 집중력 향상, 우울증 해소
- 유칼립투스: 머리를 맑게 하고 호흡기 기능 강화
- 재스민: 우울증에 가장 효과적
- 제라늄: 이뇨 작용
- 로즈(장미): 긴장 완화, 여성호르몬 원활
- 진저(생강): 기억력 향상, 감기와 편도선에 효과적
- 히솝: 슬픈 감정·약해진 마음 등을 치료, 정신 안정

향기치료의 이용방법

향기요법은 허브식물의 잎과 꽃, 그리고 줄기와 뿌리에서 나오는 즙액을 증류, 분해하고 추출하여 정제한 정유를 코로 흡입하거나 피부로 흡수시켜 말초신경을 다스리고 뇌의 조직에 작용하여 내분비선을 조절하고 긴장과 피로를 회복시키고 스트레스의 저항성과 안정을 유지하는 치료에 이용되는 것을 말한다.

흡입법

정유를 증발시켜 코로 흡입하는 것이다. 전용 흡입도구를 사용하거나 더운물에 타거나 뜨거운 물체에 묻혀 증발시켜서 그 증기를 흡입하는 방법, 상온에서 조금씩 휘발시켜 평소에 자연스럽게 흡입하는 방법이 있다.

목욕법

허브의 정유를 피부를 통해서, 일부는 코를 통해서 직접 체내에 침투시키는 가장 효과적인 방법으로 피부를 통해서 흡수된 정유 성분은 피로를 풀게 하고 기분을 상쾌하게 해주는 미용을 겸한 건강 목욕법이다. 말린 허브나 생허브를 목욕물에 우려서 그 효과를 보거나 정유를 몇 방울 같이 섞어서 그 물에 몸을 담그는 방법이다.

마사지법

정유를 직접 피부에 묻힌 후 문질러서 흡수시키는 방법이다. 두통과 관절염, 신경통 등에 효과적이며 부분적인 노화 방지와 미용에도 탁월하다. 마사지 오일에 1~5%의 정유를 혼합하여 사용하며 발마사지, 몸 전체 마사지 방법이 있다.

9

{ 건강하게 기르는 법 }

물 주기

　물 주기는 식물을 가꾸는 데 가장 중요하면서도 어렵다. 실내에서 기르는 대부분의 식물들은 말라서 죽는 것보다 물을 너무 많이 주어서 죽는 경우가 많은데 식물의 재배환경이나 수분 요구도 등에 대해 알아보자.

수분의 역할

　식물은 70~95%의 수분으로 구성되어 있으며 물은 빛과 더불어 식물이 살아가는 데 없어서는 안 될 중요한 환경 인자 중 하나이다.

- 식물 체내에 양분을 나르는 이동매체로 쓰인다.
- 주변의 온도가 지나치게 올라가는 것을 막아주는 증산작용을 통해 식물 체내 온도를 유지한다(잎의 기공을 통해 배출된 수분이 주변 습도를 높여 온도를 떨어뜨리는 효과).
- 토양의 필요한 자양분을 흡수하여 잎까지 전달하는 일을 돕는다(뿌리털 속의 물 이온이 생장에 필요한 무기염류 이온과 교환된다).
- 식물체를 지탱해 주는 역할을 한다.

수분의 요구도

　물 주기는 식물을 기르는 데 매우 중요하므로 재배환경이나 식물의 종류, 즉 수생식물, 습생식물, 중생식물, 건조식물의 수분 요구도에 따라 물 주는 방법 등을 달리해야 한다.

수생식물
　식물체의 전체 또는 일부가 물속에서 생육하는 식물을 말하며 물옥잠화, 연, 수련, 워터레터스 등이 속한다.

갈대　마름　개구리밥　부들　수련　물옥잠화　꽃창포　어리연꽃　생이가래

추수식물(물가에서 자라는 식물)

습지의 가장자리에 살며 뿌리는 물속 바닥에 내리고 줄기와 잎을 물속에서 뻗치고 있는 식물로 갈대, 줄, 부들, 창포 등을 말한다.

부엽식물(물 위에 잎을 내는 식물)

뿌리를 물속 밑바닥에 내리고 잎은 물 위에 떠 있는 식물로 가래, 마름, 수련, 어리연꽃 등을 말한다.

부유식물(물 위에 떠서 사는 식물)

몸을 물 위에 띄우고 생활하는 식물로 개구리밥, 물옥잠화, 자라풀, 생이가래 등이 있다.

시페루스

트리안

파리지옥

사랑초

아부틸론

철쭉

다육식물

다육식물

다육식물

습생식물

습윤한 연못이나 땅이 늘 축축한 늪 주위 습원에서 생육하는 식물을 말하며 꿀풀류, 토란과, 식충식물, 시페루스, 트리안, 창포 등이 있다.

중생식물

일반적인 원예식물이 해당한다.

건조식물

토양이 건조한 곳이나 사막에서 자라는 식물을 말하며 다육식물, 선인장류 등이 있다.

물 주는 요령

- 물은 오전에 주는 것이 좋다
- 일반적으로 봄과 가을에는 1일 1회가 적당하며 겨울에는 3~4일에 한 번 따뜻한 날에 준다.
- 계절별 물 주는 시간은 봄과 가을은 아침에 주고 한여름은 이른 아침이나 저녁에, 겨울은 맑은 날 오전에 준다.
- 한여름 날 햇볕이 쨍쨍 내리쬘 때에는 물을 주지 않는다(렌즈 현상).
- 매일 조금씩 주는 것보다 한 번에 흠뻑 준 다음 흙이 마른 후에 다시 흠뻑 주는 것이 좋다.
- 여름철 해가 잘 드는 곳에 둔 화초나 물을 좋아하는 식물은 아침저녁으로 확인 후에 마르지 않도록 한다.
- 화분받침대에 물이 고이지 않도록 한다.
- 꽃에 물이 직접 닿지 않게 토양에 직접 준다.
- 너무 차갑거나 따뜻하지 않은 실내 적정온도와 비슷하게 물을 준다.
- 선인장 및 다육식물의 경우 토양이 건조하더라도 공중습도가 높으면 물을 주지 않아도 된다.
- 수생식물이나 아나나스류와 토란과 식물은 토양을 항상 습한 상태로 유지시킨다.

▶ 렌즈 현상

▶ 물 주는 방법

· 식물이 놓이는 장소(밝고 따뜻한 곳, 서늘한 곳)에 따라서도 달라진다.
· 화분의 크기가 클수록 물을 많이 필요로 하며 화분의 크기가 작을수록 쉽게 건조한다.
· 물을 너무 많이 주어 과습하게 되면 생육이 억제되거나 여러 가지 병해충이 발생되는 원인이
  된다.

▶ 손가락검사법

식물에 물을 주기 전에 손가락으로 흙의 표면
상태를 확인한 후 손가락에 흙이 푸석푸석하
게 말라 있으면 물을 준다. 손가락에 흙이 축
축하게 묻어나면 물을 주지 않는다.

▶ 분무기 이용하기

습도 조절을 위해 하루에 한두 번 정도는 분
무기를 이용하여 물을 뿜어준다. 분무기로
뿌려주었더라도 토양에 물은 주어야 한다.

▶ 물에 담그기

식물이 왕성하게 자라는 봄과 여름에는 물을 충분히 흡수하게 큰 통에 물을 받아 놓고 잠깐 동안 화분을 물에 푹 담가 준다. 특히 공중걸이 화분이나 양치류의 경우 이 방법을 이용하면 좋다.

▶ 화분받침대 물 고여두기

잎이 물에 젖어서 썩지 않도록 화분받침대에 물을 부어주는 방법이다. 잎이 두툼하거나 매끄럽거나 잔털이 많은 식물은 잎에 물이 닿지 않도록 한다. 시간이 지난 뒤에는 받침대에 고인 물을 따라 버린다.

비료 주기

　식물이 생육하기 위해 필요 불가결한 필수 원소와 미량 원소들이 있다. 식물의 생장 속도가 느려지고 잎 색이 흐려지거나 마르는 경우 꽃이 피지 않거나 안쪽에서부터 잎이 떨어지면 양분이 부족하다는 신호이다. 이때 화초에 필요한 양분을 주어야 한다. 전체적인 생장을 위한 질소(N), 꽃과 열매 형성을 위한 인산(P), 잎과 줄기 조직을 튼튼하게 해주는 칼륨(K), 튼튼한 세포막을 만드는 데 필요한 칼슘(Ca), 녹색식물의 엽록소를 구성하는 마그네슘(Mg), 이 밖에도 황(S), 철(Fe), 몰리브덴(Mo), 망간(Mn), 붕소(B), 구리(Cu), 아연(Zn) 등의 미량 원소들도 중요한 역할을 한다. 식물에 따라 아주 특별한 종류의 비료를 필요로 하기도 한다.

식물에 따른 비료의 요구도

비료 요구량이 많은 것	제라늄, 포인세티아, 수국, 카네이션, 국화, 아스파라거스, 백합, 튤립, 알로카시아, 칼라디움, 옥잠화, 비비추, 고무나무 등
비료 요구량이 보통인 것	시클라멘, 프리지어, 아네모네, 거베라, 안스리움, 작약, 채송화, 데이지, 금어초, 군자란, 모란 등
비료 요구량이 적은 것	철쭉, 고사리류, 프리뮬러, 진달래, 아디안텀, 네프로레피스, 아나나스 등

비료 주는 요령

• 일반적으로 4월 초부터 10월 초중반까지의 생육기에 준다.

• 항상 설명서를 꼼꼼히 읽는다.

• 생장 속도가 빠른 식물은 생장 속도가 느린 식물, 선인장류보다 비료를 좀 더 주어야 한다.

• 생육이 왕성할 때 질소 성분을 주고 개화기나 결실기에는 인산과 칼륨을 준다.

• 비료가 잎과 줄기에 직접 닿지 않게 준다.

화원이나 꽃집에 가면 액체비료, 알갱이 비료, 분말비료, 알약 모양의 비료, 막대기 모양의 비료 등 다양한 종류의 비료들이 있다.

분갈이

분갈이의 필요성

　화분에 심어진 식물은 어느 정도 시기가 지나면 뿌리를 담고 있는 용기의 토양이 부족해진다. 이렇게 되면 식물은 필요한 양분이나 수분 공급의 기능을 하지 못하고 시간이 지나면서 썩어 버리므로 분갈이를 통해 새로운 흙을 채워 식물에 필요한 미량 요소를 공급해 주어야 한다.

분갈이 시기

- 화분 속의 뿌리가 많아져서 화분 구멍으로 뿌리가 나올 때
- 포기가 커지거나 뿌리가 많아져서 배양토 표면으로 뿌리가 나올 때
- 토양 표면에 이끼, 잡초가 끼어 뿌리의 호흡을 방해할 때
- 1년에 한 번 봄에 하는 것이 좋으며 매년 해야 하는 것은 아니고 뿌리, 잎, 줄기의 상태를 봐서 분갈이하는 시기를 결정한다.
- 10월 이후에는 하지 않지만 최저온도가 15℃가 유지되는 온실이라면 괜찮다.

분갈이 방법

1. 새 화분과 배양토를 준비한다

새 화분은 반지름이 이전 화분에 비해 약 2~3cm 정도 큰 것을 준비한다. 일반 화분흙(분갈이용)이라고 판매하는 배양토를 사용하면 된다. 판매하는 배양토는 입자가 곱고 부드러우며 깨끗하다.

2. 식물 빼내기

화분 가장자리를 가볍게 두드려 흙과 화분 사이를 분리해서 식물을 빼낸다. 식물이 잘 빠지지 않으면 바닥에 탁탁 치면서 줄기의 아랫부분을 잡고 빼낸다.

3. 식물 정리하기

뿌리에 붙은 흙을 털어내고 묵은 뿌리를 1/3 정도 자른다.

4. 배수층 만들기

새 화분에 물이 잘 빠지고 공기가 잘 통하도록 맥반석, 숯, 하이드로볼 등을 깔아 배수층을 만들어준다.

5. 식물 넣기

배수층 위에 2cm 두께로 배양토를 넣고 식물을 새 화분 중앙에 놓는다. 이때 분주, 비료 주기, 잡초, 전정을 동시에 실시하면 효과적이다.

6. 가장자리 흙 다지기

공간에 흙을 넣고 물을 줄 때 화분 밖으로 넘치지 않도록 화분보다 1~2cm 낮게 흙을 채운다. 공간에 고루 채워 넣고 식물이 기울어지지 않게 흙을 꾹꾹 눌러 고정시킨 후 바닥에 가볍게 여러 번 쳐준다. 이때 마지막으로 물을 충분히 준다.

7. 이후 관리

분갈이 후에 충분히 물을 주고 뿌리가 활착하기까지 2주일 동안 반그늘의 다습한 지역에 두었다가 원래의 환경으로 옮긴다. 물은 마르지 않을 정도로 주고 습기도 충분히 높여준다. 비료를 바로 주게 되면 새 뿌리가 상하므로 분갈이 후 1개월 뒤에 준다.

아스플레니움 분갈이하기

준비물: 큰 화분, 하이드로볼(배수층), 배양토

화분 가장자리를 가볍게 두드려 준다.

흙과 화분 사이를 분리해서 식물을 꺼낸다.

새 화분에 배수층(하이드로볼)을 깔아준다.

배수층 위에 2~3cm 정도로 배양토를 넣는다.

새 화분 중앙에 식물을 놓고 배양토를 넣은 후 고정시
킨다.

동양란 분갈이하기

준비물: 큰 화분, 깔개, 난석

난을 화분에서 꺼낸 후 썩은 뿌리를 정리한다.

준비한 새 화분에 깔개와 난석을 순서대로 넣는다.

난을 중앙에 넣는다.

난석이 골고루 들어가도록 한다.

분갈이 후 난석에 물이 충분히 스며들도록 한다.

물을 충분히 준다.

병해충 치료하기

식물에 병해충이 생기는 것은 주변 환경에 의한 것인데 실내가 건조하고 따뜻하며 환기가 잘되지 않으면 쉽게 발생한다. 병해충은 습도가 높거나 수분이 과다할 때 자주 발생한다. 실내에서 식물을 기르다 보면 병해충이 발생하게 되는데 무조건 약제를 살포하는 것보다는 환경을 바꾸어 주거나 정도가 심하지 않을 경우 손으로 없애고 솔 등으로 문질러 제거해 준다. 또한 해충이 발생한 부위는 흐르는 물이나 비눗물로 씻어준다. 해충이 발생한지 2~3개월이 지나도 계속 발생하면 다른 식물에 피해를 주지 않도록 식물을 버리는 것이 좋다.

살충제 만들기

진딧물이나 깍지벌레 등이 발생하면 손으로 벌레를 잡아준 후 비눗물을 만들어 뿌려준다. 물 1L, 물비누 한 스푼, 알코올 한 스푼을 혼합해서 일주일에 3번 정도 뿌려준다.

병해충 증상에 따른 치료법

증상	잎이 시든다.
원인	수분 부족, 수분 과다, 화분 속에 뿌리가 꽉 차 있는 상태
치료법	· 화분 속 흙의 상태를 확인 후 물의 양을 조절한다. · 분갈이를 한다.

증상	잎 끝 또는 가장자리가 갈색으로 변한다.
원인	과습으로 인한 뿌리 손상, 낮은 습도로 건조, 비료 부족 또는 과다
치료법	• 화분 속 흙의 상태를 확인 후 물의 양을 조절한다. • 자주 분무를 해준다.

증상	아래 잎이 누렇게 떨어진다.
원인	수분 부족, 수분 과다, 빛 부족
치료법	• 화분 속 흙의 상태를 확인 후 물의 양을 조절한다. • 식물의 위치를 확인 후 옮겨준다.

증상	잎이 오그라지거나 떨어진다.
원인	수분 부족, 낮은 습도로 건조, 저온
치료법	• 서서히 물의 양을 늘리거나 물을 아주 흠뻑 준다. • 식물이 놓인 위치를 확인한다.

증상	잎에 반점이 생긴다.
원인	병해 발생, 통풍 불량, 렌즈 현상
치료법	• 병의 원인을 파악한 후 치료한다. • 창문을 열어 환기시킨다. • 심한 경우 안락사를 한다.

증상	잎 색이 바래 시들시들하다.
원인	빛 부족 또는 과다, 잎 표면의 먼지, 영양 부족
치료법	• 위치를 이동한다. • 물을 뿌려준다. • 비료 요구도를 확인한 후 비료를 준다.

증상	꽃이 피지 않는다.
원인	빛 부족, 휴면기 필요, 영양 과다, 화분 안의 뿌리 과다
치료법	• 온도 확인 후 조절한다. • 단일 또는 장일식물은 일정량의 빛이 필요하다. • 분갈이를 한다.

증상	꽃이 빨리 시든다.
원인	높은 온도, 수분 부족, 낮은 습도, 빛 부족
치료법	• 놓인 위치를 점검한다. • 물의 양을 서서히 증가시킨다. • 물을 분무해서 습도를 높인다.

증상	잘 자라지 않는다.
원인	수분 과다, 건조, 비료 부족 또는 과다
치료법	• 물의 양을 조절한다. • 자주 분무해준다. • 생장기일 때 비료를 규칙적으로 준다.

증상	잎이 가늘고 웃자란다.
원인	빛 부족, 비료 부족, 응애 발생
치료법	• 잎에 응애가 있는지 확인 후 그 부위를 제거하되 심하면 약제를 살포한다. • 잎이 젖지 않게 하며 심할 경우 버린다.

증상	끈적거리는 검은 물질의 반점이 생긴다.
원인	그을음병, 진딧물, 온실가루이
치료법	그을음병은 충해의 배설물에서 발생하는데 충해를 확인 후 처리한다.

증상	솜털이 달린 잿빛곰팡이가 생긴다.
원인	잿빛곰팡이병
치료법	• 잿빛곰팡이병은 서늘하면서 습기가 많을 때 발생한다. • 발생 부분을 제거하고 건조한 장소로 옮겨 격리시키되 심하면 안락사를 한다.

증상	녹색의 물질이 생긴다.
원인	진딧물
치료법	건조해서 생기므로 확인 후 제거하고 심하면 약제를 살포한다.

증상	벌레가 없는데 갉아먹은 흔적이 있다.
원인	민달팽이 발생
치료법	민달팽이는 야행성으로 화분, 배수 구멍 등의 축축한 곳에 숨어 있으므로 찾아 없앤다.

증상	잎 면에 납작하고 둥그스름한 솜덩어리 같은 것이 붙어 있다.
원인	깍지벌레
치료법	• 손으로 잡아주거나 샤워를 시키거나 살충제를 뿌린다. • 심할 경우 안락사를 한다.

증상	잎과 가지 사이에 거미줄이 생긴다.
원인	점박이응애
치료법	너무 건조하거나 따뜻할 때 발생하며 거미줄을 제거한 후 샤워시키고 밝고 다습한 장소로 옮긴다.

번식하기

식물을 기르다 보면 화초의 부피나 수가 증가하게 되는데 식물이 스스로 늘어나는 것을 기다리지 않고 인위적으로 증대시키는 것을 증식 또는 번식이라 한다. 번식은 종자번식(유성번식), 영양번식(무성번식)으로 나뉜다.

씨뿌리기

씨앗은 큰 것에서부터 작고 미세한 것까지 크기가 다양하며 발아하는 과정도 서로 다르다. 일반적으로 씨앗을 자가 생산하는 식물도 있으나 대부분의 종자들은 시중에서 구입이 가능하다. 파종 용토와 용기 씨앗을 준비한 후 중간 정도의 크기의 씨앗을 준비한 후 줄을 만들어 씨를 뿌리고 흙을 덮는다. 새싹이 자랄 정도의 온도와 수분을 유지시켜 준다. 습도가 너무 높으면 새싹이 쉽게 썩으므로 환기를 시켜주고 새싹에 뿌리가 내리면 배양토를 너무 축축하지 않게 한다. 물을 줄 때에는 물을 부어 주는 것보다 분무를 해주는 편이 좋다.

포기 나누기

원래 줄기의 흙 밑에서 새로이 올라오는 식물들을 뿌리줄기의 부분에서 포기를 나누어 번식하는 방법이다. 4~5월의 분갈이할 때 함께 하는 것이 좋으며 뿌리를 자를 때 뿌리줄기나 굵은 뿌리가 잘리지 않도록 조심해서 적당한 크기로 나눈다. 뿌리가 단단하거나 엉켜 있는 경우 칼로 포기를 나누어 준다. 나눈 포기는 화분에 하나씩 넣어 배양토를 채워 준 후 일주일 정도 음지에 두었다가 원래의 장소로 옮겨준다.

잎 꽂이

삽목의 일종으로 꺾꽂이라고도 하며 식물의 잎이나 줄기, 뿌리 등의 일부를 잘라 배양토에 꽂은 뒤 뿌리를 발생시켜 새로운 개체를 얻어내는 방법이다. 아프리칸 바이올렛, 베고니아, 페페로미아, 산세비에리아 등 건강한 잎이나 잎자루를 칼이나 가위로 잘라낸 후 배양토에 꽂는다. 이때 배양토에 잎이 닿지 않게 한다. 뿌리가 내리고 어느 정도 잎이 자라는 데 6주 정도 걸린다.

잎 조각 꽂이

산세비에리아의 경우 건강한 잎을 잘라 위아래를 잘 구별하여 8cm 정도의 크기로 자른 잎 조각을 배양토에 꽂는다. 뚜껑이나 비닐을 씌워 온도와 습도를 유지시켜 준다. 약 8주 정도 지나면 뿌리가 내리고 새로운 잎이 나오기 시작한다.

줄기 꽂이

가장 널리 이용되는 방법으로 목본류나 초본류의 줄기를 이용한다. 목본류의 경우 5~10cm 내외로 2마디를 포함시키고 초본류는 5~10cm 길이로 마디의 아랫부분을 사선으로 자른다.

줄기를 묻어 꽂이

본 줄기로부터 가지를 자르지 않고 흙 속이나 공중에서 뿌리를 발생시킨 후 가지를 분리시키는 방법이다. 아이비, 퓨밀라, 스킨답서스 등은 늘어지는 가지를 젖은 배양토가 담긴 화분에 철사를 이용하여 배양토에 고정시키면 흙 속에 묻힌 가지가 뿌리와 새싹을 낸다. 새잎이 어느 정도 자라면 어미와 연결된 가지를 잘라 준다.

어린 싹을 나누는 번식

알뿌리 식물이나 알로에, 아나나스, 산세비에리아 등은 어미 주변에 여러 개의 어린 싹을 내는데 이것을 분리해서 번식하는 방법이다. 어미와 같은 뿌리에서 자라는데 이렇게 자란 어린 싹을 분리하거나 칼로 잘라 어린 싹을 적은 배양토가 담긴 화분에 옮겨 심는 것을 말한다.

뿌리 내리기

물가나 늪지대에 사는 시페루스의 경우 줄기를 잘라 거꾸로 물에 담가 놓으면 뿌리를 내린다. 물속에 담긴 부분에서 새로운 뿌리가 나와서 하나의 개체로 자란다.

몸통 꽂이

드라세나, 유카, 코르딜리네 등은 줄기 외 몸통 부분을 10~5cm 정도로 자른 후 수분이 증발되지 않도록 비닐이나 플라스틱 뚜껑으로 덮어준다.

새끼 화초 꽂이

칼랑코에의 일종인 천손초, 화호접은
잎 가장자리에 많은 새끼 화초가 자란
다. 이 새끼 화초들은 저절로 떨어져 주
변 화분에 뿌리를 내린다. 이 같은 새끼
화초들을 미리 따로 떼어내서 화분에
심어준다.

알/ 아/ 두/ 기

▶ **다육식물 번식방법**

다양한 식물의 번식방법

10

{ 그린인테리어 }
(분식물 장식)

식물 꾸미기의 소재와 도구

 식물을 가꾸려면 몇 가지 원예용품이 필요하게 된다. 이러한 원예용품을 적절
히 이용하고 활용하면 폭넓게 식물을 가꾸고 기르는 일을 즐길 수 있다.

도구

배양토　하이드로볼　난석　맥반석

숯　화산석　자갈　색자갈

색모래　플라스틱구슬　차돌　이끼

꽃가위, 전정가위, 칼　꽃삽　장갑과 도구들　라벨

용기

    화분, 용기, 화기 등 식물을 담아 기르는 것으로 높고 둥글고 기하학적인 다양한 모양과 금속, 도자기, 유리, 나무, 플라스틱 등 재질과 색상, 질감 또한 매우 다양하다. 용기가 비싸고 고급스러울 필요는 없으나 용기의 선택과 식물의 조합은 다양한 이미지 연출을 좌우한다.

토분, 항아리, 플라스틱 화분

    토분은 화분재배에 적당하며 소재가 흙으로 되어 있어 다공질에 통기성이 좋고 최근에는 다양한 형태의 용기가 많이 나오고 있다. 항아리의 경우 화분 구멍이 없더라도 배수층을 만들어 식물을 심어준다. 토분을 대신하여 가장 많이 사용하는 플라스틱 화분은 잘 깨지지 않고 운반하기에 편리하다.

첨경물과 장식소품

수경재배와 하이드로컬처

수경재배란

　물가꾸기 또는 물재배라고도 하며 흙을 사용하지 않고 물로만 식물을 재배하는 방법이다. 관엽식물이 보급되고 난 후 실내장식용으로 많이 이용되고 있으며 뿌리가 뻗는 상태를 관찰하면서 뿌리의 아름다움도 감상할 수 있다. 당근, 무, 우엉 등의 채소류의 꼭지를 잘라서 물이 든 접시에 놓거나 여러 가지 씨앗으로 새싹 채소를 손쉽게 기를 수 있다.

하이드로컬처(hydroculture)란

　흙을 사용하지 않고 하이드로볼을 이용하여 식물을 기르는 수경재배의 일종이다. 하이드로볼은 점토상의 흙을 반죽해 입상으로 만들어 고온으로 구운 것으로 입자 사이가 다공질이기 때문에 잘 부서지지 않는다.

　하이드로컬처는 자유롭게 용기를 선택할 수 있으며 물 주기가 쉬워 실내에 식물을 장식하는 데 많이 활용되고 있다.

알맞은 식물 재료

물을 좋아하고 뿌리가 굵고 길며 생육기가 왕성한 식물이 적당하다. 종류로는 개운죽, 스킨답서스, 드라세나, 야자류, 행운목, 히아신스, 안스리움, 디펜바키아, 아글라오네마, 싱고늄, 스파트필름, 아이비 등이 있다.

유지 및 관리방법

심는 시기

뿌리를 씻어 옮겨 심기 때문에 식물에 상처가 생기기 쉬워 성장기인 봄부터 가을까지는 괜찮으나 온도가 낮은 겨울에는 주의가 필요하다.

비료 주기

뿌리가 상한 상태이므로 뿌리가 적응한 후 새잎이 몇 개 정도 나는 것이 확인이 되면 생육기간 중에 1개월 이후부터 주는 것이 좋다. 시중에 판매되는 액체비료 등을 1,000~2,000배 정도로 희석해서 월 1회 정도로 준다.

물의 양에 주의하자

뿌리가 물속에 있기 때문에 뿌리가 썩지 않도록 물의 양은 용기 높이의 1/4~1/5 정도가 적당하다. 뿌리의 부패를 방지하기 위해 맥반석, 숯, 규산백토 등을 이용하면 식물을 좀 더 오랫동안 볼 수 있다.

1년에 한 번은 갈아 준다

기간이 1년 정도 지나면 용기의 내벽에 수초가 생기는데 햇볕이 닿는 정도에 따라 수초가 쉽게 생기므로 햇볕이 닿지 않게 관리하는 것이 좋다. 수초가 발생된 후에는 갈아 심어 주는 것이 좋으며 이때 사용된 하이드로볼은 배수 용토나 흙과 혼합해 다시 사용할 수 있다.

하이드로컬처 만드는 방법

하이드로컬처 1

소재: 아레카야자, 호야, 마삭줄, 아글라오네마, 싱고늄, 맥반석, 숯, 하이드로볼

유리용기에 맥반석, 숯으로 배수층을 만든다.

물에 식물 뿌리를 깨끗이 씻어 준다.

식물을 배치한 후 하이드로볼을 넣어준다.

하이드로컬처 2

소재: 아글라오네마, 맥반석, 숯, 하이드로볼

용기에 맥반석, 숯으로 배수층을 만든다.

물에 식물 뿌리를 깨끗이 씻어 준다.

식물을 배치한 후 하이드로볼을 넣어 준다.

디쉬가든과 분경

디쉬가든(dish garden)이란

여러 가지 접시 형태의 용기에 정원처럼 식물을 가꾸어 감상하는 방법을 말한다. 한 개의 용기에 공간을 적당히 두고 자연의 정경을 여러 가지 형태로 디자인한다. 자연의 모습을 그대로 축소하기도 하고 동화 속 한 장면이나 계절감을 나타내면서 식물을 배치한다. 디쉬가든은 이동이 편리하며 용기의 선택이 자유롭고 다양한 형태로 꾸밀 수 있다.

분경이란

수반이나 납작한 형태의 넓은 용기에 흙과 돌, 식물을 배치하여 자연의 경관을 축소·재현하여 미니 정원을 만들어 감상하는 것을 말한다.

알맞은 식물 재료

관엽식물, 초화류, 선인장, 허브 등 대부분의 식물을 이용할 수 있으며 20cm 이하의 것을 선택하는 것이 좋다. 서로 비슷한 환경의 식물을 배치하는 것이 효율적이다. 식물의 크기가 지나치게 크면 접시의 의미가 없어지게 되며 식탁 위에 놓았을 때 맞은편 상대방의 얼굴이 보이지 않게 된다. 계절과 행사의 분위기를 연출하기도 하며 최근에는 테이블 센터피스로 활용되고 있다. 용기의 모양은 자유롭게 선택할 수 있으며 식물의 심는 공간을 잘 활용해 높이가 다른 식물들을 균형 있게 배치하여 식재하는 것이 중요한 포인트다.

알/ 아/ 두/ 기

▶ **용기 선택하기**

디쉬가든은 용기의 선택이 완성된 이미지를 좌우한다. 배수 구멍이 없고 깨끗하고 산뜻한 넓은 형태의 접시 모양이 좋다. 실내에 자연스럽게 잘 어울릴 수 있는 식기류, 도자기류, 유리용기 등을 이용한다. 일반적으로 식물이 심겨지기 때문에 5cm 정도의 깊이가 있는 용기가 좋으나 심는 방법에 따라 깊이를 조절하는 것이 가능하므로 낮은 용기를 사용할 수 있다. 중요한 것은 용기의 깊이나 크기가 식물의 크기와 균형이 맞아야 한다.

▶ 배수 구멍이 없는 용기 선택하기

배수 구멍이 없으면 물이 흘러내리지 않아 화분받침 접시가 필요 없으므로 외관상 보기 좋고 용기 선택의 폭이 넓어져서 실내 공간에서 장식품으로 다양하게 활용되고 있다.

▶ 맥반석, 숯, 하이드로볼

화분의 배수 구멍은 화분에 준 물이 충분히 흡수되고 남은 물이 배수 구멍으로 흘러나와 물이 화분속에 고이지 않도록 하는 역할을 한다. 배수 구멍이 없는 용기를 선택하므로 맥반석, 숯, 하이드로볼 등을 용기의 밑바닥에 깔고 토양을 넣어 심으면 물이 고여 뿌리가 썩는 것을 막아 준다.

유지 및 관리방법

심겨진 식물의 특성에 따라 좋아하는 햇빛의 양에 맞춰 관엽식물은 음지 또는 반음지의 레이스 커튼을 통과하는 약한 햇빛 정도의 밝기에 두고 꽃이 피는 초화류, 선인장 및 다육식물은 해가 잘 비치는 창가의 양지쪽에 두고 관리하도록 한다. 햇빛의 양이 부족할 때에는 스탠드로 빛을 보충해 주도록 한다.

물 주기

용기의 흙을 손으로 눌러 표면이 조금 건조하면 물을 주지만 배수 구멍이 없는 용기를 사용

하기 때문에 물을 자주 주면 뿌리가 상하므로 자주 주지 않도록 주의한다. 물을 많이 주었을 때에 는 용기 내의 흙이 흘러내리지 않도록 용기를 기울여 주거나 흡습지를 이용해 물이 줄어들도록 한다. 분무기를 이용하면 잎에 수분이 공급되기도 하고 잎에 있는 이물질을 제거해 주는 샤워 효과를 주기도 한다.

비료 주기
생육이 왕성하면 빠르게 성장해서 모양이 흐트러지기 쉬우므로 작은 형태로 유지하기 위해서 비료는 주지 않는다.

일부 식물이 죽었을 때
식물이 너무 크게 자라 형태가 흐트러지거나 식재한 식물의 일부가 죽었을 때에는 그 부분만 스푼이나 모종삽을 사용하여 살짝 들어내고 식물을 새로 심어 관상할 수 있는 장점이 있다.

1년에 한 번은 옮겨 심는다
식물이 크게 자라면 전체 모양이 흐트러지므로 1년에 한 번 정도는 새로운 재료와 토양으로 옮겨 심어 준다. 분갈이로 생각해도 좋다. 결국 식물이 크게 자라면 용기 안이 뿌리로 가득해져 물을 흡수하기 어렵기 때문에 서서히 생기를 잃어 가게 된다. 식물을 건강하게 키우려면 건강한 식물을 구입하는 것이 중요하며 디쉬가든에 심겨진 식물 생육에 알맞은 환경을 조성해 주면 식물이 건강하게 자란다.

디쉬가든 만드는 방법

디쉬가든 1

소재: 드라세나, 크로톤, 페페로미아, 피토니아, 사각유리용기, 맥반석, 숯, 하이드로볼, 배양토, 화산석, 이끼

유리용기에 맥반석, 숯으로 배수층을 만든다.

중심이 되는 드라세나와 크로톤을 놓는다.

식물을 심어 배치한 후 배양토 위에 이끼를 이용하여 표면을 덮은 후 자갈을 이용하여 장식한다.

디쉬가든 2

소재: 유포르비아, 크라슐라, 에케베리아, 아악무, 도자기, 맥반석, 숯, 배양토, 마사토

맥반석, 숯을 이용하여 배수층을 만든다.

배수층 위에 배양토를 넣고 중심이 되는 유포르비아를 심는다.

식재 후 마사토를 토양 표면에 덮어 준다.

테라리움

테라리움(terrarium)이란

테라리움이란 라틴어 'terra(땅, 흙)'와 'arium(어항과 같은 용기)'의 합성어로 밀폐된 투명한 용기 속에 흙을 채우고 각종 크고 작은 식물을 아름답게 배치하여 기르면서 감상하는 방법을 말한다. 즉 작은 식물을 유리상자에서 즐기는 미니 정원을 의미한다. 유리용기의 청량감과 깨끗함은 실내를 장식하는 데 많이 이용되고 있다.

테라리움의 유래

약 150년 전 영국의 외과 의사인 워드(N. B. Ward)는 나방의 일종인 박각시나방(Sphinx moth)의 부화와 생장 과정을 관찰하는 도중 밀폐된 병 속에 우연히 양치식물의 포자가 발아하는 것을 발견하였다. 그 이후 그는 용기를 여러 가지 형태로 변형하여 식물들을 달리해서 많은 실험을 하였다. 그 결과 식물은 적당한 빛, 수분, 온도만 있으면 스스로 광합성과 호흡을 할 수 있음을 알 수 있었다. 테라리움 속에 작은 동물을 넣어서 식물과 함께 감상하는 비바리움(vivarium)과 관상용 물고기를 넣어 감상하는 아쿠아리움(aquarium)의 유래가 되었다.

알맞은 식물 재료

밀폐된 용기 안에서 생육하므로 저온이나 다습에 강하고 음지나 반음지에서 크게 잘 자라지 않거나 성장이 느린 식물이 적당하다. 아디안텀, 아글라오네마, 아라우카리아, 아스파라거스, 왜란, 칼라데아, 테이블야자, 피토니아, 코르딜리네,

페페로미아, 헤데라, 호야, 필레아, 프테리스, 스킨답서스, 삼색바위취, 세네지오 등 아열대성 관엽식물과 양치류 등이 있다.

유지 및 관리방법

배치 장소

테라리움은 직사광선을 받으면 용기 내의 온도가 고온으로 올라가 식물이 데어 약해지게 된다. 그러므로 직사광선을 피하고 간접광선이나 인공 조명 아래에 두고 주의 깊게 관찰한다.

물 주기

물 주는 간격은 용기의 크기나 식물에 따라 다르므로 용기의 토양 상태를 판단해 표면이 건조하면 물을 주는 것이 좋다. 물을 많이 주었을 때는 용기 내의 흙이 흘러내리지 않도록 용기를 기울여 주거나 흡습지를 이용해 물이 줄어들도록 한다. 유리에 물방울이 생기거나 유리 표면이 흐려 보이는 것은 물을 많이 주었기 때문이다. 물은 모자란 듯이 주고 분무기로 스프레이해주는 것이 좋다.

비료 주기

비료를 주게 되면 생육이 왕성해져 모양이 흐트러지고 빨리 자라기 때문에 처음부터 주지 않도록 한다.

오랫동안 작은 형태 유지하기

식물이 커진 느낌이 들면 줄기의 선단에 있는 눈을 제거해 주거나 선단을 잘라 길이의 생장을 지연시킬 수 있다. 이후에는 새로운 싹이 나오기 때문에 같은 작업을 반복한다.

▶ **아쿠아리움**

유리용기 속에 수생식물과 물고기 등을 넣어서 키우는 것을 말하며 작은 연못에서 수족관까지
다양하게 연출되고 있다.

▶ **비바리움**

테라리움에서 변형된 형태로 유리용기 속에 식물과 도마뱀, 이구아나, 개구리, 거북이 등과 같은
파충류를 넣고 함께 살아가는 자연의 형태를 연출하는 테라리움이다. 식물과 동물의 생육 환경
이 서로 비슷한 것들로 연출하는 것이 좋다.

▶ **테라리움의 유형**

• 밀폐형

투명한 유리용기에 뚜껑을 덮거나 밀폐시킨 형태로 용기 내부의 습도가 많기 때문에 습기가 잘
견디는 식물을 선택한다. 너무 습하면 곰팡이가 생기므로 뚜껑을 열어 수분을 증발시켜준다.

• 개방형

용기의 일부가 열린 상태로 습도가 외부로 나
가 건조해지기 쉬우므로 식물 선택 시 주의가
필요하다. 최근에는 디쉬가든과 테라리움의
혼합형으로 식재되기도 한다.

테라리움 만드는 방법

테라리움 만드는 방법 1

소재: 폴리안사, 산호수, 후마타, 호야, 아디안텀, 유리용기, 맥반석, 숯, 색모래, 배양토

맥반석, 숯을 이용하여 배수층을 만든다.

유리용기 안에 외부로 보이는 쪽은 색모래를 이용하여 산뜻함을 연출한다.

색모래 위에 배양토를 넣고 아디안텀과 호야를 식재한 후 토양 표면을 덮는다.

테라리움 만드는 방법 2

소재: 풍란, 프테리스, 트리안, 사철나무, 드라세나, 후마타, 유리용기, 숯, 하이드로볼, 맥반석, 배양토, 이끼, 마사토

배수층 위에 색모래로 무늬를 만든 후 다시 배양토를 넣는다.

중심이 되는 식물을 배치한다.

식물을 식재한 후 이끼를 이용하여 배양토 표면을 덮는다.

알/ 아/ 두/ 기

▶ **심기 전에 식물을 정리한다**
더러워진 잎이나 병충해 등은 심기 전에 손질을 해 두는 것이 좋다.

▶ **식물 배치 구상을 미리 생각해 둔다**
식재 후 다시 고쳐 심는 것이 어려우므로 미리 구상한 후 식재하는 것이 좋으며 주제식물, 부주
제식물, 받침식물로 자연스럽게 어울리도록 디자인한다.

▶ **식재 시 배양토는 중심이 높게 되도록 한다**
용기의 가장자리에 흙의 양이 많으면 무겁고 답답하게 보이므로 중심부에 배양토를 높게 올려주
면 뿌리도 충분히 보호되고 입체감을 살릴 수 있다.

▶ **색모래를 이용해 산뜻함을 연출한다**
다양한 색모래를 이용해 토양의 지표를 표현해 주면 식물과 자연스럽게 조화되어 화사함을 즐길
수 있어 흥미롭고 산뜻하다.

▶ **주의할 점**
용기가 밀폐되어 있어 과습되기 쉬우므로 물을 조절해 주어야 한다.

공중걸이 화분

공중걸이 화분이란

  창문이나 벽 등의 실내에 줄기나 잎이 늘어지는 식물을 적당한 높이로 끈을 이용하여 실내외 공간을 아름답게 장식하는 방법이다. 공중에 매달려 늘어지는 식물을 이용하므로 입체적 장식으로 식물의 특성을 살릴 수 있으며 장식적 역할뿐만 아니라 불필요한 부분을 가려 주는 차폐 역할도 가능해 그 이용이 매우 다양하다.

알맞은 식물의 선택

  덩굴성이나 반덩굴성으로 옆으로 퍼지거나 늘어지는 잎이 무성한 식물이 적당하다. 아스파라거스, 베고니아, 카라데아, 세로페기아, 구페아, 네프로네피스, 접란, 헤데라, 아이비, 피토니아, 호야, 임파티엔스, 제라리움, 페페로미아, 박쥐란, 스킨답서스, 제브리나, 아디안텀, 아스플레니움, 아스파라거스, 세네지오, 게발선인장 등이 있다.

유지 및 관리방법

배치 장소

공중걸이 화분은 창가에 매달기도 하고 계단의 중간이나 거실 등에 매달기도 하며 실내의 벽과 벽이 마주치는 곳에 늘어놓기도 한다. 식물은 서로 환경이 비슷한 것끼리 모아서 배치하면 된다. 꽃이 있는 식물은 창가에 배치하고 직사광선은 피한다. 관엽식물인 경우에는 창가로부터 1~3m 정도 떨어진 곳에 배치하고 잎과 줄기가 빛을 향하므로 때때로 방향을 돌려 골고루 빛을 받도록 한다.

물 주기

물이 흘러나와도 괜찮은 곳에 두고 물을 충분히 주고 배수 구멍에 물이 흐르지 않을 정도가 되면 다시 원래의 장소에 매달아 둔다. 창가 쪽은 쉽게 건조해지므로 물을 자주 주어야 한다.

비료 주기

식물의 수에 비해 용기 내의 토양이 적거나 꽃이 피는 식물인 경우 비료가 부족하기 쉬우므로 비료를 주는 것이 좋다.

공중걸이 만드는 방법

소재: 마삭줄, 호야, 아이비, 맥반석, 숯, 하이드로볼, 배양토

맥반석, 숯, 하이드로볼 등을 이용하여 배수층을 만든다.

배수층 위에 배양토를 넣고 식물을 잘 배치하여 심는다.

완성된 모습

용기재배 및 손바닥 정원

손바닥 정원이란

식물을 한 개의 용기로 꾸미거나 소재로 화분을 가려 하나로 장식하는 방법이다. 모둠화분, 용기재배(container culture), 손바닥 정원이라는 작은 정원을 의미한다. 실내외 이동이 가능해서 주거 공간, 상업적 공간, 도로변 등의 공간을 자유롭게 활용할 수 있다.

용기의 선택

용기는 가볍고 안전한 것이 좋으며 식물의 종류에 따라 목재, 플라스틱 화분, 토분, 질그릇, 도자기 화분, 항아리, 알루미늄 등 색깔과 모양, 질감이 매우 다양한 것을 선택하여 사용할 수 있다.

놓고자 하는 곳의 분위기와 성격, 식물의 형태나 색깔에 따라 용기에 변화를 줄 수 있다. 일부 식물을 교체해 계절감을 표현할 수 있고 완성한 후에 계절적인 느낌을 연출하고 싶다면 겨울의 느낌을 주는 빨간색의 포인세티아나 붉은색의 시클라멘이나 베고니아 등으로 변화를 준다. 기본구성인 중심식물과 보조식물, 받침식물에서 관엽식물의 잎에 나타나는 질감이나 잎 모양 또는 초화류의 꽃 색의 배합 등으로 개성 있게 연출할 수 있다.

유지 및 관리방법

비슷한 환경을 좋아하는 식물을 함께 배치해 관리하면 화분 속의 토양이나 잎에서 서로 수분을 증산시키기 때문에 약간의 습도가 조절되므로 물 주기가 쉬워진다. 1년 주기로 보통의 화분식물과 같게 관리하면 된다.

손바닥 정원 만드는 방법

소재: 코르딜리네, 홍콩야자, 산호수, 드라세나, 페페로미아, 용기, 하이드로볼, 배양토

거름망을 넣고 하이드로볼로 배수층을 만든다.

배수층 위에 배양토를 넣고 중앙에 홍콩야자를 배치하여 심는다.

주제식물을 중심으로 부주제, 받침식물 순으로 균형 있게 배치하여 심는다.

다양한 손바닥 정원

토피어리

　사람의 손길에 의해 식물이 입체적인 형태로 다듬어진 모든 상태를 토피어리 (topiary)라 한다. 울타리, 나무를 다듬는 조경원예의 용어로 기하학적인 문양이나 동물, 사람의 모습을 인위적으로 깎아 만든 것이다.

전정형	수목을 가위나 손으로 전정하거나 다듬어 문자나 조형으로 만드는 방법
꽃는형	식물을 끼우거나 꽃는 방법으로 제작하는 것
유인형	다양한 재료로 형태를 만든 후 아래에 넝쿨식물을 심어 형태를 따라 감거나 자라게 하는 방법

토피어리의 활용

　놀이공원에 세워진 식물로 만든 동물캐릭터 조형이나 길가 사철나무를 반듯이 다듬은 것 등을 볼 수 있으며 유럽과 미국에서는 오래전부터 실내외 조경의 한 분야로 발전되어 왔다. 1999년 일본에 소개된 이후 토피어리는 현재 많은 마니아층을 확보하여 실내외 인테리어와 누구나 즐길 수 있는 취미생활의 한 분야로 자리 잡고 있다.

11

{ 채소 가꾸기 }

베란다에서 가꾸는 채소

아파트나 주택의 베란다 등에서 채소를 기르는 것으로 무공해 채소 수확은 풍부한 섬유질, 비타민 등의 영양소를 공급받을 수 있다. 수확의 즐거움뿐만 아니라 기르는 즐거움은 가벼운 운동, 여가활동을 주기도 한다. 채소류는 식용 부위에 따라 엽채류, 근채류, 과채류로 분류하는데 햇빛이 제한적으로 들어오는 실내 공간에서는 엽채류, 과채류 등이 적당하다.

- 엽채류(잎채소, 쌈채소): 잎이나 줄기를 식용 부위로 이용하는 채소로 배추, 양배추, 갓, 청경채, 상추, 꽃상추, 쑥갓, 셀러리, 미나리, 파슬리, 부추 등이 있다.
- 과채류(열매채소): 열매를 식용으로 하는 채소로 고추, 토마토, 가지, 호박, 딸기, 오이, 수박, 참외, 멜론, 강낭콩, 완두, 옥수수, 박, 피망, 파프리카 등이 있다.
- 근채류(뿌리채소): 지하에서 발달하는 부위를 식용으로 이용하는 채소로 무, 당근, 우엉, 고구마, 감자, 마, 토란, 생강, 연근, 고추냉이 등이 있다.

채소는 온도 적응성에 따라 분류하며 생육적온 25℃ 안팎의 따뜻한 기온에서 잘 자라는 호온성 채소와 17~20℃ 범위의 서늘한 기온에서 잘 자라는 호냉성 채소로 분류한다.

호온성 채소	가지, 토마토, 고추, 수박, 참외, 오이, 호박, 멜론, 고구마, 토란, 생강, 옥수수 등
호냉성 채소	배추, 양배추, 갓, 시금치, 근대, 파, 양파, 마늘, 부추, 셀러리, 파슬리, 무, 감자, 당근 등

알맞은 환경조건

베란다의 햇빛의 양을 확인하는 것이 중요하다. 남향인지, 북향인지, 유리창을 통해 들어오는 빛의 양과 시간대를 알아두는 것이 필요하며 베란다에서는 한쪽 면만 채광이 되고 창가를 통해 들어오는 빛은 제한적일 수밖에 없다. 아침에 광합성 효율이 높기 때문에 아침에 햇빛을 많이 받는 것이 좋다. 빛이 제한적이라면 LED등, 형광등으로 보강을 해주는 것도 방법이다.

LED등	• 백색등이 좋으며 식물 방향 열 발생이 적고 전력 소비가 낮으며 수명이 길다. • 설치 비용이 고가이다.
형광등	• 고온 피해가 발생할 수 있으며 전력 소비가 높고 수명이 짧다. • 설치 비용이 저렴하다.

베란다에서 잘 자라는 채소

청로메인상추, 케일, 적근대, 겨자채, 시금치, 곤드레, 방울토마토, 쑥갓, 청경채, 셀러리, 치커리, 미나리, 아욱, 부추, 쪽파, 달래 등이 있다.

용기재배 및 배양토의 조건

용기(플라스틱상자, 나무상자, 부직포자루)재배 시 채소 종류에 맞는 배양토가 필요하다. 배양토는 균이 없고 통기성, 배수성, 보수성이 있으며 유기물이 풍부한 것이 좋다. 최근에는 비료분이 포함되어 있는 배양토를 판매하기도 하므로 용기재배 및 베란다재배에서는 시중에서 판매되고 있는 채소용 배양토, 상토를 구입하여 이용한다.

씨앗과 모종 고르기

채소씨앗(무, 쌈채류, 시금치, 아욱, 근대)을 이용하기도 하며 대부분은 모종을 구입하여 심는다. 모종을 구입하는 채소는 두 달 이상의 모종생육이 필요한 고추, 가지, 토마토이고 많은 개수를 심지 않는 가지, 토마토, 오이, 피망, 양배추 등이 그러하다. 씨앗을 뿌리거나 모종을 만드는 성공 확률이 낮은 경우 대량으로 비싸게 판매하는 씨앗은 모종을 사는 것이 더 유리하다.

- 줄기가 굵고 탄탄하고 마디가 짧으며 잎 색이 좋은 것
- 고추와 토마토는 잎이 위축되거나 가장자리가 말리지 않은 것
- 잎 색에 얼룩이 없는 것
- 포트를 만져보아 탄력이 있는 것

관리 요령

　가장 햇빛이 잘 들어오는 장소에 화분을 놓아주고 싹이 난 후 모종을 심고 3~4 주 후에는 완효성 비료를 주면 좋다. 창문을 열어 환기를 시켜주거나 햇빛이 좋은 날은 방충망까지 열어 충분한 햇빛을 받게 하면 더욱 좋다.

다양한 채소

상추

- 과명: 국화과
- 학명: *Lactuca sativa* L.
- 영명: Garden Lettuce
- 원산지: 유럽, 서아시아, 북아프리카
- 상추는 비타민A가 풍부해 빈혈 예방에 효과적이며 상추즙은 모유 분비를 촉진시키며 피를 맑게 해준다. 생채 샐러드용, 쌈으로 이용하며 볶거나 데쳐서 이용하기도 한다.

- 재배달력

1월	2월	3월	4월	5월	6월	7월	8월	9월	10월	11월	12월
		○ ·····	●	▲	▲	봄 재배	○ ·····	●	▲	▲	가을 재배

※ 파종 ○, 육묘 ······, 정식 ●, 수확 ▲

　상추는 특유의 쌉쌀한 맛 때문에 해충이 적어 재배하기가 쉽고 여러 번 잎을 수확할 수 있다. 육묘를 하여 모종을 키우는 것이 가장 좋으나 줄뿌림 후 몇 차례에 걸쳐 솎아주고 최종적으로 포기 사이를 15~20cm 간격으로 솎아준다.

쌈채소

쌈은 신선한 잎채소를 이용해서 밥과 반찬을 싼 음식이다. 청치마상추, 적축면상추, 로메인상추, 적근대, 치커리, 케일, 쑥갓, 청경채 등이 있다.

시금치

- 과명: 명아주과
- 학명: *Spinacia oleracea* L.
- 영명: Spinach
- 원산지: 서남아시아
- 철분 함량이 많아 빈혈 예방에 좋고, 비타민A, C를 많이 함유하고 있으며 변비, 괴혈병 예방에 좋다. 카로티노이드와 엽록소가 많아 암 발생의 위험을 낮추고 수산이 많아 데치거나 볶거나 튀겨서 먹기도 한다.

- 재배달력

1월	2월	3월	4월	5월	6월	7월	8월	9월	10월	11월	12월
		○	▲	▲	▲		○	○	▲		
								○	▲	▲	

※ 파종 ○, 육묘 ……, 정식 ●, 수확 ▲

시금치는 밑거름을 충분히 주면 잘 자라고 기간이 짧아 재배가 쉬우며 봄, 가을 수확이 가능하다. 추위에 강해서 늦가을에 심어 겨울을 나고 봄에 수확할 수 있다. 골뿌림을 하고 2~3회 솎음작업을 해주는데 씨뿌림 40일 후 수확이 가능하다.

고추

- 과명: 가지과
- 학명: *Capsicum annuum* L.
- 영명: Capsicum Pepper, Hot Pepper
- 원산지: 남아메리카
- 고추의 캡사이신은 혈액 순환을 촉진하며 붉은 색소인 캡산틴은 항산화 효과가 좋다. 풋고추에는 비타민 C가 많다. 고춧가루의 양념 형태로 많이 이용하고 풋고추는 생식, 볶음, 튀김, 절임 등으로 이용한다.

- 재배달력

1월	2월	3월	4월	5월	6월	7월	8월	9월	10월	11월	12월
	○⋯⋯	⋯⋯⋯	●―――		▲	▲	▲	▲	▲		

※ 파종 ○, 육묘 ⋯⋯, 정식 ●, 수확 ▲

　　고추 모종 기간이 60~70일 정도 걸리므로 모종은 구입한다. 배수가 좋아야 하며 버팀목을 세워주고 한 달에 한 번은 웃거름을 주면 좋다.

토마토

- 과명: 가지과
- 학명: *Lycopersicon esculentum* Mill.
- 영명: Tomato
- 원산지: 남아메리카
- 토마토에는 푸린 성분이 들어 있어 고혈압, 동맥경화에 좋으며 베타카로틴과 리코펜이 있어 항암 효과가 있다. 항산화 성분이 피부 노화를 억제하고 신맛을 내는 구연산은 니코틴 작용을 한다. 생식, 주스, 조미료로 가공하여 이용한다.

• 재배달력

1월	2월	3월	4월	5월	6월	7월	8월	9월	10월	11월	12월
		○.....	●————————————————▲				▲	▲	▲		

※ 파종 ○, 육묘 ……, 정식 ●, 수확 ▲

　완숙토마토나 방울토마토는 재배방법이 비슷하나 방울토마토가 좀 더 재배하기가 쉽다. 토마토는 버팀목을 세워 지탱해주고 원줄기 하나만 똑바로 키운다. 나머지 곁순은 모두 따주고 6~7단이 올라가면 더 이상 자라지 않게 순지르기를 한다. 한 화방에 달리는 꽃을 4송이 정도로 조절하면 과실이 크고 좋은 토마토를 얻을 수 있다. 공간이 적어 잎이 겹치면 일부 잎을 따주어 통기, 통풍이 잘되게 해주며 좋다.

가지

• 과명: 가지과
• 학명: *Solanum melongena* L.
• 영명: Eggplant
• 원산지: 인도
• 가지에는 스테로이드의 일조인 솔라닌이 들어 있어 해독 작용과 통증을 멎게 하고 고혈압과 동맥경화를 예방해주는 효능이 있다. 가지는 조리고 굽고 볶고 부치는 요리 모두가 가능하다.

• 재배달력

1월	2월	3월	4월	5월	6월	7월	8월	9월	10월	11월	12월
	○…..	…….	…….	●————————————▲			▲ 봄재배				
					○ …..	● ….. ————▲		▲ 가을 재배			

※ 파종 ○, 육묘 ……, 정식 ●, 수확 ▲

모 종기는 일수가 70일 이상 걸리므로 모종을 사다 심는다. 물 빠짐이 좋게 하고 심은 지 한 달 후 열매가 달리며 서리 내릴 때까지 수확이 가능하다. 2~3가지만 남기고 나머지는 제거해서 햇빛을 잘 받게 하고 수시로 곁눈을 따주면 품질이 좋아진다. 웃거름을 주고 버팀목을 세워주면 좋다.

부추

- 과명: 백합과
- 학명: *Allium tuberosum* Rottler
- 영명: Chinese Chives
- 원산지: 중앙아시아
- 부추는 기후 적응성이 좋아 봄부터 가을까지 수확되는 연중채소이다. 특별하게 밭을 가리지는 않으나 물 빠짐이 좋은 밭을 골라야 한다. 봄에 햇빛이 잘 비치는 밭에서 기르면 봄 수확이 빨라진다. 약간 그늘이 들어도 되므로 활엽수 주변에 심어도 좋다. 부추는 예로부터 심통(心痛)을 완화시키고 복부의 냉증을 개선하는 강력한 강정 · 강장제로 쓰인다.

- 재배달력

1월	2월	3월	4월	5월	6월	7월	8월	9월	10월	11월	12월
		○.....	....	가을 재배	●———●					▲ 봄재배	
			●————	—▲			○.....	....			

※ 파종 ○, 육묘 ……, 정식 ●, 수확 ▲

종자는 20시간 정도 물에 담갔다가 파종한다. 파종은 봄 뿌림과 가을 뿌림이 있으나 봄 뿌림을 많이 한다. 관수와 웃거름을 수시로 하여 부추의 길이가 15~25cm 정도 자라면 수확할 때마다 관수와 추비(追肥)를 해준다. 토양은 유기물이 함량이 많고 중성에 가까우며 배수가 양호한 사질양토가 좋다.

1 양배추	2 딸기	3 배추	4 당근
5 옥수수	6 멜론	7 와사비	8 파슬리

12

{ 도시농업과 풍수그린 }

도시농업이란

　도시농업(urban agriculture)이란 도시의 다양한 공간을 활용한 농사 행위로 농업이 갖는 생물다양성 보존, 기후 순화, 대기 순화, 토양 보전, 경관 보존, 문화 · 정서 함양, 여가 지원, 교육, 복지 등의 다원적 가치를 도시에서 실현하여 도시와 농업의 지속가능한 발전을 만들어 내는 것이다.

　또한 도시농업은 도시의 생태계 순환구조의 회복과 공동체 형성, 개인의 건강뿐 아니라 농업에 대한 도시민들의 인식을 바꿔 전 국민이 책임지는 농업을 위한 중요한 요소이다.

　도시농업은 도시에서 농사활동을 통해 먹고, 보고, 느끼는 인간적이고 자연적인 여가활동으로 이 과정을 통해 몸과 마음, 정신이 건강하게 유지된다.

　　　　실내 도시농업 + 실외 도시농업 + 공동체 도시농업
〈도시와 농업의 만남은 경제적, 환경적, 사회적, 교육적 분야에서 가치를 지닌다〉

• 몸과 마음의 건강　　　　　• 자연의 공기 청정기
• 마음이 건강해지는 농업　　• 함께 가꾸는 우리 텃밭

- 가꾸는 즐거움으로 재배 본능 실현
- 환경운동가로서 도시농부
- 가족의 건강을 지키는 안전한 농산물
- 수확의 기쁨과 먹는 즐거움

풍수그린이란

풍수란 만물에 내재된 '기(氣)'의 이용에 대한 학문으로 '인간의 운은 환경에 의해 결정된다'는 뜻으로 환경으로부터 받는 공기의 힘이 사람의 몸과 마음에 영향을 주어 한 개인의 운을 좌우하기도 한다. 주요 환경인 주거공간의 운을 보충하는 것이 식물이다. 식물은 운을 보충하고 생기를 불어넣어 준다. 실내에서의 생활이 많은 현대인에게는 실내에 식물을 두는 것만으로 좋은 기를 불러들인다.

계절별 풍수그린 인테리어

- 봄: 파스텔톤 꽃의 연출로 봄의 연애운을 높인다.
- 여름: 바람이 잘 통하는 소재로 여름의 운을 키운다.
- 가을: 과수나무를 기르면 가을의 금전운이 상승한다.
- 겨울: 붉은 색상의 꽃으로 겨울의 운을 만끽한다.

다양한 풍수그린 인테리어

- 녹색의 키 큰 식물은 업무운을 높인다.
- 향기로운 식물은 애정운을 높인다.
- 동쪽에 장미를 키우면 의욕과 활기가 넘친다.
- 토분에 식물을 모아 심으면 가정이 화목해진다.
- 열매가 열리는 식물은 건강운을 향상시킨다(산호수, 레몬, 방울토마토, 화초고추).
- 노랗고 둥근 꽃은 금전운을 부른다(해바라기, 매리골드, 라넌큘러스 등).

- 다양하게 화분을 배치하면 운의 흡수율을 높인다.
- 물을 좋아하는 식물이 행복한 연애를 부른다(붓꽃, 아이리스, 물옥잠화, 수련, 연꽃 등).

생활 속 풍수그린의 활용

　실내 생활이 많은 현대인들은 늘 자연을 동경하고 있다. 생활공간인 일반주택이나 아파트에 식물을 배치하고 거실이나 베란다 등에 식물과 다양한 소품을 이용하여 실내 정원을 꾸미고자 하는 경향이 늘어나고 있다 실내 정원을 만들려면 가능한 한 태양광선이 많은 곳을 선택하고 만일 햇빛이 부족하면 인공광을 보충하여 다양한 형태의 용기에 식물의 크기와 높이를 조절해서 균형 있게 배치한다.

식물배치 요령

　식물은 제각기 특유의 색채, 형태, 질감 등이 있으며 식물이 가지고 있는 높이, 깊이, 폭, 그리고 식물 자체의 개성이 있다. 한 가지 이상의 식물을 모아 심는다면 식물의 색채, 모양, 크기의 강약을 서로 조화시켜 변화를 주면 좋다. 예를 들면 화려한 식물은 심플한 용기에, 단조로운 식물은 장식성 있는 화분에 심어 연출하거나 평범한 것과 개성이 있는 것, 단조로운 색과 다채로운 색의 식물, 넓은 잎과 좁은 잎, 잎의 질감이 강한 것과 부드러운 식물을 분류하여 조화를 주면 좋다.

가구와의 조화

가구나 실내인테리어에 맞는 분위기 연출이 필요하다. 현대적이고 도시적인 분위기라면 개성이 강한 큰 용기에 대형 식물을 배치하여 시선을 집중시킬 수 있다. 분위기가 동양적이라면 남천, 대나무, 폴리시안스, 벤자민고무나무, 관음죽 등이 어울리며 다양한 소품을 활용하면 더욱 멋스럽다. 서구적이고 독특하고 이국적인 느낌을 주는 야자류, 파키라, 떡갈잎고무나무, 종려죽 등은 광선이나 주변의 색조, 거실 가구와의 분위기를 고려해준다.

식물만으로 식재하는 것보다 다양한 소품을 활용하면 분위기에 다양한 변화를 줄 수 있어 소품의 선택도 중요하다. 소품류에는 항아리, 수레바퀴, 조각품, 자연석, 인형, 도자기류, 마른 소재 등이 있다.

현관

집 안에 들어섰을 때 가장 먼저 눈에 들어오는 곳이 현관이다. 집의 첫인상을 좌우하는 곳이므로 생명력이 넘치는 식물을 연출하는 것이 더욱 좋다. 출입이 많은 곳인 만큼 거추장스럽지 않고 산뜻하게 장식을 하며 햇빛이 잘 들지 않고 온도의 변화가 많은 곳이므로 겨울철 저온에도 잘 견딜 수 있는 고무나무, 종려죽, 헤데라 등을 둔다. 공간이 협소하므로 공중에 걸거나 벽에 장식할 수 있는 공중걸이를 이용해 효율적으로 활용할 수 있는 식물을 선택하는 것도 하나의 방법이다.

현관은 기(氣)의 입구이므로 현관문을 열고 첫눈에 보일 수 있도록 하는 것이 좋으며 이때 기를 흡수하여 자신의 운을 받아들이기 때문에 현관에 식물을 배치하는 것은 중요하다.

거실

거실은 온 가족이 함께 모여 대화를 하고 휴식을 취하는 공간이자 생활공간의 이용 횟수가 많고 손님을 맞이하는 곳이기도 하다. 가족들이 편안하고 안락함을 느낄 수 있게 밝고 따스한 분위기를 연출하는 것이 좋다. 거실의 한쪽 구석에는 고무나무, 드라세나 등의 큰 화분을 놓거나 소규모의 정원을 설치하거나 혹은 소파에서 자연스럽게 바라보이는 곳에 시클라멘이나 안스리움 등을 놓을 수도 있다. 전자파가 나오는 전자제품에도 관엽식물이나 음이온 발생량이 많은 산세비에리아를 놓아두면 좋다. 빛의 양을 제일 먼저 고려해야 하며 깔끔하게 관리한다.

침실

안방, 어린이방, 노인방 등 사용하는 자의 연령과 취향을 고려하여 식물을 선택한다. 노인방이라면 동양란이나 석부작 등을 놓아 분위기를 연출한다. 수면을 취하는 곳이므로 잠자는 환경을 고려해 식물을 장식하여야 생명력이 넘치는 생기를 충분히 흡수할 수 있다.

어린이방

아이의 방은 성장기를 보내는 중요한 공간이다. 아이의 성장을 촉진하는 관엽식물이 좋으며 아이의 성장에 맞춰 수직으로 자라는 것이 알맞으며 포복성 형태의 식물도 좋다. 아이들은 활동이 많으므로 식물을 선택할 때도 아이의 눈으로 식물을 볼 수 있도록 아이의 눈높이에 맞추어 준다. 특히 책상에 식물을 두는 것

만으로도 컴퓨터나 공부를 할 때 눈의 피로를 덜어주며 정서적인
안정을 얻을 수 있고 자연의 좋은 기운도 받을 수 있다.

욕실

욕실은 습기가 많은 것을 고려해 식물을 선택한다. 비눗방울이
나 더운물이 튀는 곳은 피해서 간단히 연출할 수 있는 수경재배나
소품을 이용하는 것이 좋다. 온도나 습도의 변화에 잘 견디는 박쥐
란, 몬스테라, 디펜바키아, 스킨답서스 등이 적합하다.

일반적으로 욕실은 창이 없거나 빛이 유지되지 않으므로 식물을
선택하기가 쉽지는 않다. 한두 송이의 꽃으로 장식하는 것만으로
생기가 퍼질 수 있다.

식당과 부엌

물을 자주 쓰고 음식을 하는 곳이므로 청결을 유지해야 한다. 수
경재배를 이용하고 가스레인지에 의한 피해가 없도록 식물을 배치
해야 한다. 요리에 활용할 수 있는 허브류나 접시에 탈지면이나 스
펀지를 축축하게 적신 다음에 씨를 뿌려서 새싹 채소를 재배할 수도
있다. 빠르게 자라기 때문에 자주 요리에 이용할 수 있다.

식탁 위에는 반드시 꽃이나 작은 관엽식물을 두어 가정운에 영
향을 주도록 한다. 식사를 통해 영양분을 섭취하고 주위 사물의 기
도 흡수할 수 있다. 식탁은 가정의 중심이며 자신이 흡수하는 운과
건강을 함께 유지하므로 음식물과 식물의 생기를 흡수한다. 온 가
족이 식사하는 데 방해가 되지 않도록 작고 옆으로 뻗는 형태의 식
물을 고른다.

원예의 즐거움

초판발행 2016년 3월 14일
초판 3쇄 2019년 1월 11일

지은이 장정은 · 이규민
펴낸이 채종준
기 획 조가연
편 집 백혜림
디자인 이효은
마케팅 황영주 · 김지선

펴낸곳 한국학술정보(주)
주 소 경기도 파주시 회동길 230(문발동)
전 화 031-908-3181(대표)
팩 스 031-908-3189
홈페이지 http://ebook.kstudy.com
E-mail 출판사업부 publish@kstudy.com
등 록 제일산-115호(2000. 6. 19)

ISBN 978-89-268-7064-8 13520